国家骨干高等职业院校重点建设专业
(印刷图文信息处理专业)系列教材

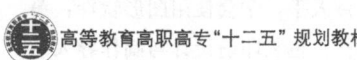高等教育高职高专"十二五"规划教材

印刷图形设计与制作

高雪玲　崔庆斌　●主编
高雪玲　崔庆斌　赵　勇　●编著
　　　　陈　唯　周国平
　　　　　　　顾　萍　●主审

**YINSHUA
TUXING SHEJI
YU ZHIZUO**

文化发展出版社
Cultural Development Press

内容提要

本书分为两个部分：第一部分主要包括基本技能训练，从具体的项目入手，学会使用图形软件；第二部分主要以综合技能训练为主，重点以印前制作应用、广告设计与制作、包装印前设计与制作导入项目活动，使学习者通过该教材的学习可以适应相关的工作岗位，并且进一步加深对理论理解和巩固，又进一步用理论指导实践。本书采用了项目式讲解和分析图形对象的特点，使学习者更快地学会设计图形和完成完稿制作。

本书理论与实践结合，可作为高等院校印刷技术、印刷图文信息处理、艺术设计等专业相关课程的教程，也可以作为相关工作技术人员参考用书。

图书在版编目（CIP）数据

印刷图形设计与制作/高雪玲，崔庆斌编著.—北京：文化发展出版社，2014.6（2022.2重印）
国家骨干高等职业院校重点建设专业（印刷图文信息处理专业）系列教材
高等教育高职高专"十二五"规划教材

ISBN 978-7-5142-1025-5

Ⅰ.①印… Ⅱ.①高… ②崔… Ⅲ.①印刷－图形软件－高等职业教育－教材 Ⅳ.①TS803.1

中国版本图书馆CIP数据核字(2014)第111166号

印刷图形设计与制作

| 主　　编：高雪玲　崔庆斌 |
| 编　著：高雪玲　崔庆斌　赵　勇　陈　唯　周国平 |
| 主　　审：顾　萍 |

| 责任编辑：李　毅 | 责任校对：岳智勇 |
| 责任印制：邓辉明 | 责任设计：侯　铮 |

出版发行：文化发展出版社（北京市翠微路2号 邮编：100036）
网　　址：www.wenhuafazhan.com
经　　销：各地新华书店
印　　刷：中煤（北京）印务有限公司
开　　本：787mm×1092mm　1/16
字　　数：199千字
印　　张：9.375
印　　次：2022年2月第1版第5次印刷
定　　价：59.00元
ＩＳＢＮ：978-7-5142-1025-5

◆ 如发现印装质量问题请与我社发行部联系　直销电话：010-88275710

上海出版印刷高等专科学校
国家骨干高职院校项目建设系列教材
编委会

主　任　陈　斌

副主任　滕跃民

委　员　汪　军　徐　东　张文忠　程杰铭　罗尧成
　　　　姚晓蒙　钱为群　顾　萍　潘　杰　许春辉
　　　　陆嘉琦　周　勇　王　凯　王正友　王红英

编　审　张双儒　刘维亚

教材编写人员
《印刷图形设计与制作》

高雪玲　崔庆斌　◎主编

高雪玲　崔庆斌　赵　勇　陈　唯　周国平　◎编著

总 序

印刷产业的发展既离不开职业教育的支持，同时又能给职业教育提出新的要求。20世纪80年代以来，在世界印刷技术飞速发展的浪潮中，中国印刷业无论在技术还是产业层面都取得了长足的进步。新设备、新工艺、新技术和新成果在中国印刷业得到了普及或应用，这也要求我国的职业教育适应产业技术发展需求，为国家培养更多的印刷专业技术技能型和管理型的人才。

上海出版印刷高等专科学校是培养我国出版印刷业高技能人才的全日制普通高等学校。创建于1953年，是新中国创办最早的出版印刷类高等学校，在行业中享有盛誉。原属国家新闻出版总署，现在是国家新闻出版广电总局与上海市人民政府共建。近60年来为我国的出版印刷业培养了数万名高层次技术骨干和行业高级管理人才，2005年被国家新闻出版总署确定为"国家印刷出版人才培养基地"，被誉为我国出版印刷业的"黄埔军校"、中国出版印刷人才培养的摇篮。2008年学校被国家新闻出版总署授予"技能人才培育突出贡献奖"。学校将进一步依托行业优势，立足上海，服务全国，面向世界，弘扬办学特色，创新办学模式，努力创建"三位一体"的国家示范性特色高职院校，使学校成为国家出版印刷人才培养基地、上海文化创意产业服务基地、国际先进传媒技术推广基地，为我国培养更多具有国际知识背景、人文素养、艺术眼光、创新意识的印刷出版类高素质技能型人才。

本套系列教材是上海出版印刷高等专科学校国家骨干高职院校重点专业建设的第一套教材，也是专业建设的系列成果之一。根据《教育部财政部关于实施国家示范性高等职业院校建设计划加快高等职业教育改革与发展的意见》（教高［2006］14号）和教育部、财政部《关于进一步推进"国家示范性高等职业院校建设计划"实施工作的通知》（教高［2010］8号）文件精神，上海出版印刷高等专科学校重点专业建设在重构以能力为本位的课程体系的基础上，配套编写了重点建设专业及专业群的系列教材。

本套系列教材是印刷图文信息处理专业核心课程教材，涵盖了印刷图文信息处理专业核心岗位的课程体系。本套教材的主要特色是：

- 反映了行业新技术、新规范、新方法和新工艺，具有很高的实用价值；
- 由高职院校的一线教师与企业共同努力开发完成，理论和实际达到有效的结合；
- 教材的编写打破了传统的学科体系编写模式，以岗位要求、工作过程为导向来系统设计课程内容，融"教、学、做"为一体，体现了高职教育"工学结合"的特色。

教材的编写是一项艰苦的工作，它要求教材的编写团队有科学、严谨和细致的工作精神，同时还要有丰富的专业知识和过硬的实践经验。我们希望这套系列教材的出版能够进一步推进高职院校的课程改革，为我国印刷产业的发展做出积极的贡献。

上海出版印刷高等专科学校
2013 年 12 月

前 言

历时半年的《印刷图形设计与制作》顺利编著结束，本书主要以基于工作过程系统化的项目活动为主线，以行业中应用最为广泛的图形软件"Illustrator"作为应用软件，设计制作项目案例。

本教材是建立在针对与课程相关的职业岗位任务和职业能力分析的基础上，分析、选择、确定任务模型，以任务驱动的形式进行组织，通过对项目（活动）载体的设计对教学内容进行重构，更加注重对学生岗位能力的培养，项目化教学是课程的重心。本书分为前后两个部分，第一部分是项目一到项目六，是基本技能训练部分，从具体的项目入手，学会使用图形软件，而后导入项目中应用到的印前制作的理论知识，符合人的认知规律，且能够引起学习者的兴趣，从直观的实践操作到理论学习。在第一部分学习的基础上，读者已经可以熟练掌握图形设计与制作的要点，能较为熟练地应用软件后，进入第二部分的学习。第二部分主要是以综合技能训练为主，重点以印前制作应用，广告设计与制作，包装印前设计与制作导入项目活动，使读者通过对该教材的学习可以适应相关的工作岗位。并且进一步加深对理论的理解和巩固，又进一步用理论指导实践。

图形设计与制作是印刷品的前期制作过程中非常重要的部分，印刷产品在我们的日常生活中无处不在。通过前期的草图设计到交互式地实现产品，离不开图形设计和完稿制作。由于目前市面上的书籍基本是大篇幅的理论知识加少量的实践环节讲解为导向，这就导致了许多学习者对图形学习无法振奋精神，培养浓厚的学习兴趣，基于目前的情况，本书尝试采用了项目式讲解和分析图形对象的特点，使学习者更快地学会设计图形和完成完稿制作。

当学习者学习完《印刷图形设计与制作》这本书，即可以从事平面广告设计工作，印前文件制作工作，也能胜任电子书出版、电子画册出版、网页制作等工作，适应于目前大数据时代所带动的网络出版井喷。

Illustrator 与 Adobe 公司的软件无缝集成，它们拥有相似的界面、不同的作用，它们被分派在设计工作的各个环节中，既有分工又有协作，能够帮助用户高效地完成整个工作，所以读者学好 Illustrator 后,能在最短的时间内学会 Photoshop、InDesign 软件,这样读者的技能水平就更有市场竞争力。

  本书的主要编著人员由从事高职高专图形教学多年的教师、印前制作的技术骨干和主管、广告公司的设计总监等组成,主审为从事教学多年,且有着丰富专业经验和实践经验的顾萍老师。本书主要编著人为上海出版印刷高等专科学校的高雪玲老师、崔庆斌老师,参与编著的人员有上海博岩文化传播有限公司的设计总监赵勇先生,江西新闻出版职业技术学院的陈唯老师、山东技师学院的周国平老师,本书的顾问是紫丹印务的印前制作主管孙尧女士。本书的编著首先感谢上海出版印刷高等专科学校给予支持,在写作过程中得到了徐东副教授、顾萍高级工程师、钱志伟老师、于明伟老师等的大力支持与帮助,如果没有他们的帮助和支持,作者也许没有信心和毅力完成本书。在此一并表示感谢。

高雪玲 崔庆斌
2014 年 6 月

目　录

第一部分　基础技能训练

项目一　图形的属性与应用　/2

　任务一　立体彩色球的制作　/3
　　　　　相关知识点　/4
　　　　　技能训练　/6

项目二　图形的基本绘制　/7

　任务一　瓦楞纸剖面图的绘制　/8
　　　　　相关知识点一　/9
　任务二　打印机呈色曲线的绘制　/10
　　　　　相关知识点二　/12
　任务三　明信片的绘制　/14
　　　　　相关知识点三　/18
　　　　　技能训练　/25

项目三　图形的基本变换　/26

　任务一　珍珠容器的制作　/27
　　　　　相关知识点一　/28
　任务二　正八面体纸盒平面展开图的绘制　/29
　　　　　相关知识点二　/33
　　　　　技能训练　/37

项目四　图形的填充　/39

　任务一　CS6 的制作　/40
　　　　　相关知识点一　/44

任务二　温馨卡的制作　/48
　　　　　　相关知识点二　/53
　　　　　　技能训练　/54

项目五　图形的应用——蛋糕纸盒的制作　/56

　　任务一　蛋糕纸盒印刷品的制作　/57
　　　　　　技能训练　/69

项目六　图形的印前制作具体应用　/71

　　任务一　从客户文件到印刷拼版文件　/72
　　　　　　技能训练　/77

第二部分　综合技能训练

项目七　巧绘奇异五边形包装盒　/80

　　任务　奇异五边形包装盒的设计与制作　/81
　　　　　技能训练　/89

项目八　喷墨印刷圣诞公益海报设计与制作　/91

　　任务　圣诞海报的设计与制作　/92
　　　　　技能训练　/99

项目九　柔印一次性纸杯的设计与制作　/101

　　任务　一次性纸杯的设计与制作　/102
　　　　　技能训练　/110

项目十　胶印商业海报的设计与制作　/112

　　任务　商业海报的设计与制作　/113
　　　　　技能训练　/117

项目十一　食品包装茶叶纸盒设计与制作　/119

　　任务　茶叶纸盒的设计与制作　/120
　　　　　技能训练　/129

项目十二　胶印书封的设计与制作　/131

　　任务　书封的设计与制作　/132
　　　　　技能训练　/137

参考文献　/140

第一部分
基础技能训练

项目一　图形的属性与应用

项目二　图形的基本绘制

项目三　图形的基本变换

项目四　图形的填充

项目五　图形的应用——蛋糕纸盒的制作

项目六　图形的印前制作具体应用

项目一　图形的属性与应用

教学目标

（1）正确理解图形的几何属性与非几何属性。
（2）掌握图形的表示方法——参数法和点阵法。
（3）了解图形的两大基本功能：绘图和排版。
（4）了解图形制作在印前方面的作用，以及在广告制作、电子出版物、包装等方面的应用。

能力目标

（1）基本了解图形软件 Illustrator CS5，会依据所创建对象的需要建立文件。
（2）简单绘制直线和曲线，并学会为对象进行定位。
（3）绘制基本的图形单元，掌握椭圆工具的使用。
（4）了解对象的填充分为内部和边框两种。

知识目标

（1）了解计算机图形制作的研究对象。
（2）掌握印刷图形制作的主要内容。
（3）了解印刷图形软件在印前制作中必须具备的功能。

任务一 立体彩色球的制作

图 1-1 正圆球效果

要求：绘制一个彩色圆球并有阴影效果。绘制的效果如图 1-1 所示。

制作步骤：

1. 打开 Illustrator CS5 软件，点击【文件】→【新建】，在弹出的新建文件窗口中名称输入"彩色球"，打开高级中颜色模式选择为 CMYK 模式，页面即可默认为 A4 幅面。

2. 在工具窗口中选择椭圆工具，按住【Shift + Alt】键，在窗口中点击并拖动鼠标，绘制正圆，当大小合适时同时松开鼠标和键盘。绘制的正圆如图 1-2 所示。

3. 选择直线工具，按住【Shift】键，在窗口中点击加拖动，当穿过正圆时松开鼠标。同样的方法多绘制几根。垂直的直线要求穿过圆心。形成如图 1-3 所示的效果。

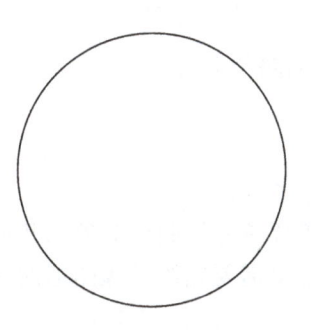

图 1-2 正圆

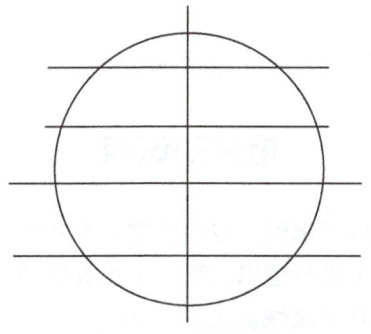

图 1-3 正圆和直线

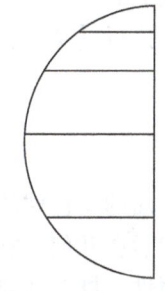

图 1-4 分割后的半圆

4. 打开【窗口】→【路径查找器】，执行分割命令。再执行【对象】→【取消编组】命令，将右半边删除，形成如图 1-4 所示的效果。

5. 使用选择工具，点击分割后的对象。打开【窗口】→【色板】，选中一个对象在色板中分别点击黄色、红色、绿色、青色、蓝色，为每一块进行填色处理。其填充后的效果如图 1-5 所示。

6. 选中填充后的半圆执行【对象】→【编组】命令，使之成为一个整体。再打开【窗口】→【描边】，在描边窗口中将其描边的粗细设定为 0 磅。

7. 执行【效果】→【3D】→【绕转命令】，绕转的对话框的数值设定如图 1-6 所示。并点击确定，形成了如图 1-1 所示的彩色圆球。

图 1-5 填充后的半圆

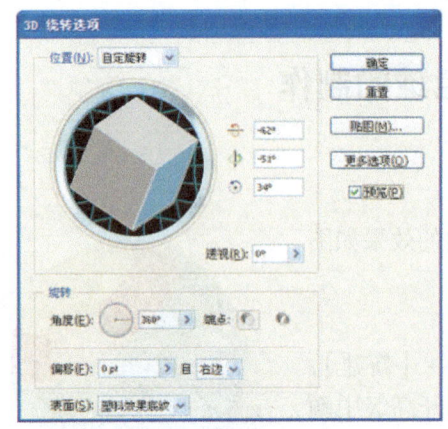

图 1-6　绕转对话框

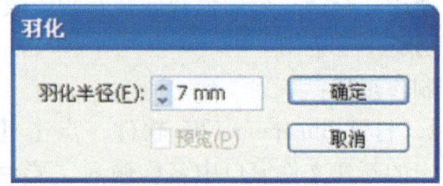

图 1-7　羽化对话框

8. 选择椭圆工具，如之前绘制正圆一样再绘制一个大小合适的正圆，并点击色板中K40%的黑色色块，对正圆进行填充。同步骤6一样取消正圆的边框线。

9. 对刚才绘制的正圆执行【效果】→【风格化】→【羽化】，羽化的对话框设定如图1-7所示。

10. 将羽化后的正圆拖动到刚才绘制的彩球前面并执行【对象】→【排列】→【置于底层】命令。用选择工具使用拉圈选框的方式将正圆和彩球全部选中，执行【对象】→【编组】命令。

11. 执行【文件】→【保存】命令，依据要求保存在相关的路径下面。

相关知识点

从上面的彩色球的绘制可以了解到，我们绘制一个对象，需要首先绘制出对象的几何形状，然后在几何形状的基础上进行逻辑运算、填色等处理。这就需要熟练掌握图形的两大基本属性，即几何属性和非几何属性。

一、图形的属性

我们通常了解到的研究图形的方法是用数学方法来描述图形，比如平面几何和立体几何，将客观对象的具体形态经过抽象处理，归结为简单的点和线，且几何中的点是没有具体大小，因而没有具体的物理意义。但是任何对象的几何属性都是从源对象抽取出来的，它描述了源对象的基本形状和相互位置关系，因此几何属性是图形的基本特征，也是将客观世界的不同源对象抽象为几何形体的主要依据。

要表示一个对象，仅仅有对象的几何属性是不能完整地描述对象的，需要更加具体直观、更接近于它所描述的客观对象，比如物体的颜色、层次变化、物体所处的光照条件、物体的构成材料和表面特性等这些非几何属性。

当物体的几何属性和非几何属性结合起来，并对物体给予一定的艺术创作，才能源于生活而又高于生活，赋予作品更强的艺术表现力和感染力。

二、图形的轮廓和填充

图形由几何属性和非几何属性构成。刻画对象轮廓形状的几何要素称为几何属性，俗称图形的轮廓属性，例如点、线、面和体。不过图形软件产生的轮廓线可以赋予轮廓各种不同的颜色、线型以及装饰。图形的另一个要素即为非几何属性，用来反映表面材料的特殊质地，以及因表面的粗糙程度不同而产生的对光线的不同反射或者吸收的能力等自然现象，这在人的视觉系统中归结为颜色和层次的变化，可以形成相当复杂的外观，通常被称为图形的填充属性。

三、图形的表示方法以及研究内容

图形又被称为矢量图像，主要是借鉴于数字图像的表示方法，即首先确定其轮廓，再定义其内部填充采取何种方式，可以是实地，也可以是图案或者是渐变填充。对于这些非几何属性，图形是采用点阵的方式表示的，它具有其独特的优点，可以准确地表示其区域内的每一个点的填充颜色值。

图形的几何属性即图形轮廓线的属性，通常采用参数的表示方法。此外图形的非几何属性也可以用参数的方法来表示。这里表示图形几何属性的参数称为形状参数，而表示非几何属性的参数称为属性参数。

四、图形制作主要内容

图形制作的主要内容包括：
1. 图形的选择、移动和改变前后位置关系等操作。
2. 按照指定的参数进行复制或重复复制。
3. 以交互的方式修改图形的基本形状，例如通过锚点改变对象的几何形状。
4. 对图形的一系列几何变换的操作，如缩放、倾斜、旋转、错切、镜像等。
5. 对象的对齐和分布，当然这里需要有条件限制，需要在一定的范围之内进行。
6. 多个对象之间的逻辑运算，如本案例路径查找器中的分割。
7. 对象的调和，即从一种形状或颜色到另一种形状或颜色的变化等。

五、图形在印前制作的应用

图形是在 20 世纪 80 年代被广泛应用到印前制作中，应用于印前制作的图形软件都具有绘图和排版两大基本功能，Illustrator 是典型的例子，是印前制作应用最为多的软件之一。本教材的案例均采用该软件的 CS5 版本制作。应用于印前制作的图形软件除具有上述的两大功能之外，还必须具有直接在 CMYK 颜色空间上定义颜色的能力、使用专色的能力、分色功能、图像代换功能、填充 PostScript 图案的功能，以及数字加网功能，可以从软件内部直接向高精度的照排机和 CTP 直接制版机等，高精度记录设备发送打印命令，将设计和制作好的页面分色输出。

技 能 训 练

绘制彩色球如图1-8所示。

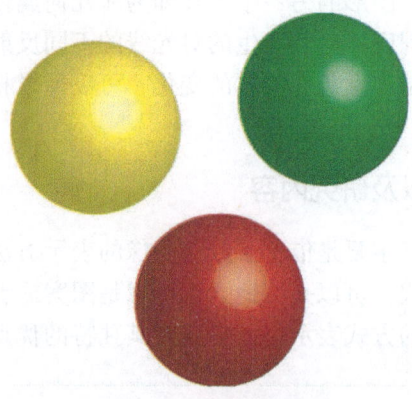

图1-8 彩色小圆球

项目二　图形的基本绘制

📺 教学目标

（1）熟练掌握直线工具的使用。
（2）熟练掌握钢笔工具的使用。
（3）熟练掌握基本图形的绘制。
（4）正确判断和运用图形的逻辑运算，即路径查找器的使用。
（5）正确使用对象的对齐和分布，对象顺序的排列。
（6）正确使用路径文本工具。

📋 能力目标

（1）正确建立文件，了解建立文件颜色模式与分辨率的依据。
（2）直线工具绘制直线的修改与定位，钢笔绘制直线和曲线的修改与定位。
（3）基本图形单元的绘制，特殊图形的绘制、定位与修改。
（4）快捷有效地运用对象的复制、直接复制、剪切与粘贴。
（5）快速变换对象，并可以在变换时直接复制对象，主要是移动和旋转的操作。
（6）学会通过扭曲与变换命令将直线变形为曲线。
（7）学会为描边添加箭头。
（8）学会结合菜单命令将对象变形。
（9）学会链接和嵌入对象，包括矢量对象和点阵对象。
（10）学会蒙版的应用。

⭐ 知识目标

（1）了解直线和曲线的绘制与表示方法，约束键和控制键的使用。
（2）了解锚点和路径的关系，锚点的类型和相互转换关系。
（3）掌握描边的类型与装饰属性。
（4）了解对象的复制与直接复制、剪切等的联系与区别。
（5）了解对象的基本变换的依据与控制，主要是对象的移动和旋转。
（6）了解对象的顺序与对象效果的关系，对象的对齐与分布的依据和规则。
（7）了解蒙版的概念，学会正确使用蒙版达到创建对象的效果。
（8）了解图形逻辑运算的结果与哪个对象的属性有关，正确分析图形该使用何种逻辑运算，路径文本正确使用与路径文本的调节修改。
（9）掌握印刷出血的概念，印刷中为什么做出血，何时该做出血。
（10）了解对象链接与嵌入的区别与联系，以及后期输出时应注意的事项。

任务一 瓦楞纸剖面图的绘制

要求：绘制瓦楞纸的剖面图，宽度 140mm，高度控制在 70mm 之内。剖面图和文字说明位于不同的图层。效果如图 2-1 所示。

制作步骤：

1. 新建 Illustrator CS5 文件并命名为"瓦楞纸剖面图"，文件的设置等如图 2-2 所示。

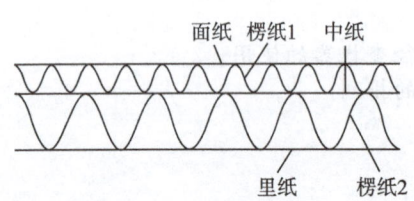

图 2-1 瓦楞纸剖面图

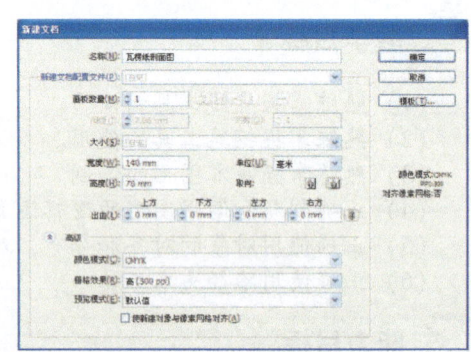

图 2-2 文件设置

2. 打开【视图】显示标尺，标尺将显示在画板的左侧和顶部，使用鼠标点击标尺的交叉位置即零点，拖曳到画板的左上角并释放鼠标，此时页面的左上角即为坐标的零点位置。

3. 选择直线工具按住【Shift】键，在窗口中拖曳鼠标绘制一条水平直线，并打开【窗口】→【变换】，在变换窗口中调整其长度为 140mm。另一种绘制方式是按住【Alt】键在窗口中点击，在弹出的对话框中输入长度为 140mm，角度为 0，点击【确定】。在线段颜色文本框前打钩。

4. 在变换窗口中以对象的左上端点为定位参考点将其定位在 X0mm，Y20mm 处。定位对话框如图 2-3 所示。

5. 按住【Alt】键并用选择工具点击直线往其他地方拖曳，并同时释放鼠标和【Alt】键，就直接复制了一根直线。

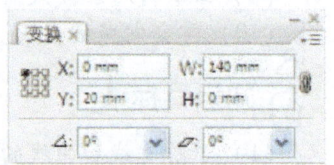

图 2-3 变换窗口中的定位

6. 将复制的直线以对象的左上端点为参考定位点将其定位在 X0mm，Y30mm 处。再次直接复制一根直线将其定位在 X0mm，Y50mm 处。

7. 再次直接复制一根，执行【效果】→【扭曲与变换】→【波纹效果】，其数值设定如图 2-4 所示。其中大小是指每段离开路径的高度，段数是指隆起的数量，相对是指相对原路径的长度的百分比（原路径如果是 10mm，大小设定为 10%，则每段弧离开原路径的高度为 10×10% = 1mm），绝对是指离开原路径的高度即为在大小中输入的数值。直线的效果如图 2-5 所示。

8

项目二　图形的基本绘制

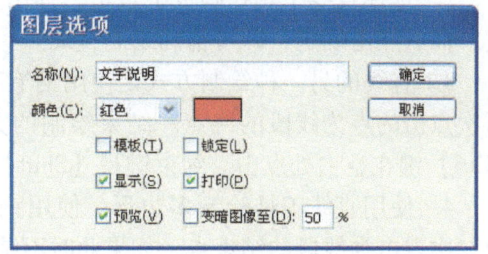

图 2-5　直线变换后的效果

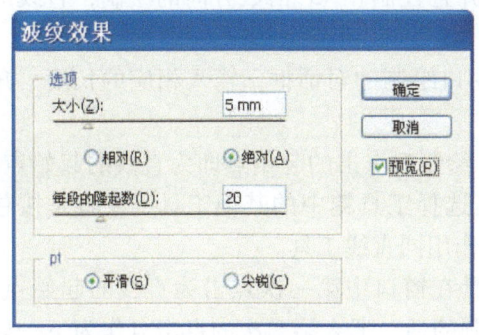

图 2-4　波纹效果对话框

图 2-6　新建图层对话框

8. 将变换后的直线执行【对象】→【扩展外观】命令。并将该对象以对象的左中点作为定位参考点定位于 X0mm，Y25mm 处。

9. 再次直接复制一条直线，执行【效果】→【扭曲与变换】→【波纹效果】，段数设定为 10 段，大小为 10mm，而后执行扩展外观命令，并以对象的左中点作为定位参考点，将其定位在 X0mm，Y40mm 处。

10. 打开窗口下的图层命令，在图层对话框中的下面或者右边小黑三角处点击，出现新建图层命令，在弹出的新建图层对话框中命名为"文字说明"。如图 2-6 所示。

11. 选择直线工具在窗口中拖曳绘制一条直线，并为其在右端点或者左端点添加箭头，箭头的添加是执行【窗口】→【描边】，在箭头所指的一段直线后面的小黑三角点击，弹出软件的存储箭头，其左面是为直线的起点添加箭头，右面是为直线终点添加箭头，起点、终点与绘制直线的方向有关，缩放是指原箭头添加还是以原箭头的百分比的多少来添加，添加对话框如图 2-7 所示。

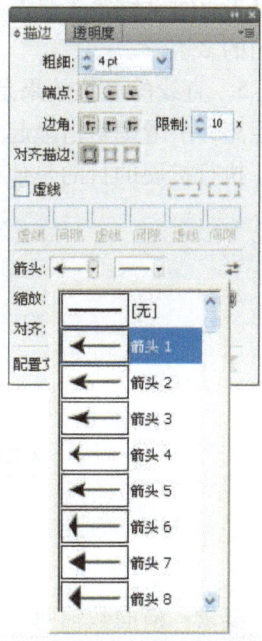

图 2-7　添加箭头的效果

12. 选择横向排列的文字工具在相应的位置输入相应的文字，文字为黑体 12 磅。

13. 在箭头选中的状态下，选择旋转工具，拖曳鼠标，可以调整箭头所在直线的方向到合适位置。使用选择工具，直接在对象上拖拉可以调节对象的大小。

14. 保存文件，选择相应的保存路径和文件格式。

相关知识点一

一、直线的绘制

1. 绘制直线有两种方式，一是使用直线工具直接在画板中点击加拖曳，点击点为线段的起始点，释放鼠标点为线段的终点；约束键是【Shift】，绘制时按住该键，直线只能在起始点 45°倍数的方向绘制，按住【Alt】键则是以点击点为中心，点直线向两端延伸的

9

绘制。如果同时按住两个键则是以点击点为中心并且控制在45°倍数方向的绘制，直线向两端延伸。

2. 选择直线工具在画板中点击，弹出直线窗口绘制的对话框，输入相应的长度、角度，而后点击确定，即可精确绘制直线。

3. 直线的另一种绘制方式是使用钢笔工具，绘制时点击的起始点即为直线的起始点，再次点击的点为线段的终点。结束绘制的方式是选择工具箱中的其他工具，或者是按住【Ctrl】键在空白处点击。约束键是【Shift】键，作用同直线工具。

4. 使用直线工具绘制多边形。使用钢笔工具在窗口中第一次点击为直线的起始点，第二次点击为线段的结束点，如果此时不结束绘制的话，那么第二次的点击点作为下一段直线的起始点，第三次点击点即为第二段直线的结束点，依次类推，当钢笔工具靠近第一次点击点时，钢笔工具右边会呈现出一个小圆圈，当在第一个点上再次点击时即绘制一个封闭的多边形。

5. 直线的波纹效果是利用直线变换成其他效果的一种形式，其中大小是指离开路径的距离，平滑则是指隆起点是平缓过渡，绝对是指尖锐的隆起点，数量则是指隆起点的段数。执行扩展的目的是使得路径与轮廓的实际走向一致。如图2-8所示。

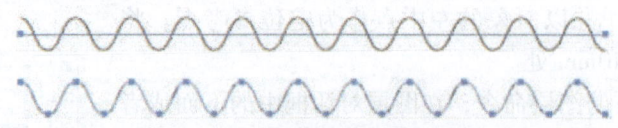

图2-8 扩展前后路径对比图

任务二 打印机呈色曲线的绘制

要求：横向数轴每个单位的宽度是纵向的两倍，存储为EPS格式。效果如图2-9所示。

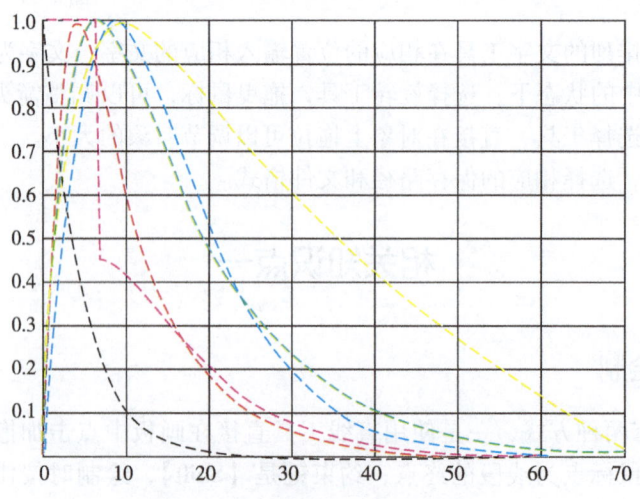

图2-9 喷墨打印机呈色曲线图

制作步骤：

1. 新建 Illustrator CS5 文件并命名为"喷墨打印机呈色曲线"，颜色为 CMYK 的模式，分辨率为 300，文档宽度 150mm，高度为 110mm。

2. 选择网格工具，在页面中点击，跳出网格工具的对话框，网格数值的设置如图 2－10 所示。

3. 首先绘制红色的呈色曲线，选择钢笔工具在网格的左下 0 点位置即曲线的起始点点击，并释放鼠标。

4. 在红色线顶点再次点击鼠标并拖动后，按一下【Alt】键，同时释放鼠标和【Alt】键，形成红色线的左边弧度，而后松开鼠标在底部靠近红色线结尾的地方点击鼠标并拖动，此时形成具有三个锚点的曲线。效果如图 2－11 所示。

5. 使用直接选择工具点击顶端的锚点，出现顶端锚点的控制柄，拖动控制柄的左端，使左边的弧线发生改变，贴近实际曲线的轨迹。

6. 使用添加锚点工具在右边添加两个锚点。

7. 使用锚点转换工具、直接选择工具，配合【Alt】键调节右边的弧线，使其贴近实际曲线，并调节相应的锚点位置，使其过渡平滑均匀。

8. 依照同样的方法绘制其他的曲线。

9. 选中相应的曲线在描边对话框中设置设定描边的粗细和虚线的数值，如图 2－12 所示。

10. 在颜色对话框中，将边框的颜色置于上部，对边框进行颜色设定。如图 2－13 所示。

11. 将所有的曲线绘制好之后，使用横向排列的文字工具分别输入相应的文字，大小为 12 磅。使文字与相应的直线对齐。

12. 使用选择工具选择所有的对象，并按【Ctrl＋G】进行编组。

13. 依照路径存储文件，文件名称为喷墨打印机呈色曲线，格式中选择 EPS 格式。

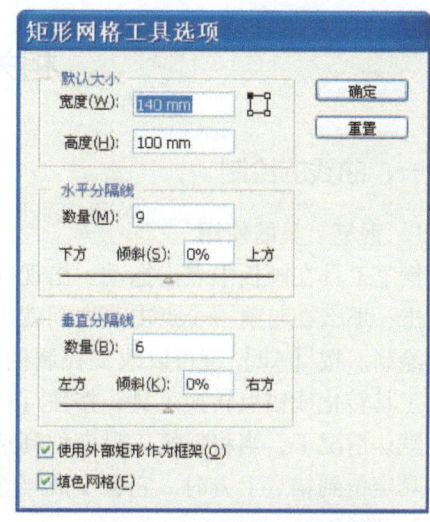

图 2－10　网格工具对话框

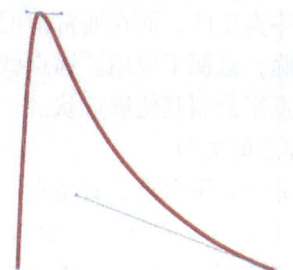

图 2－11　钢笔工具绘制的曲线

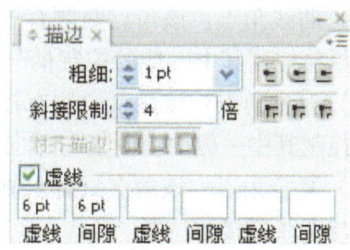

图 2－12　描边的设定

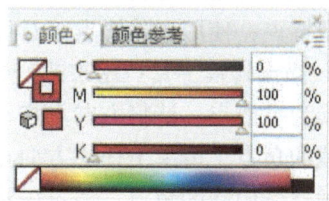

图 2－13　描边颜色的设定

相关知识点二

一、曲线的绘制

1. 钢笔工具的使用

钢笔工具在画板中点击拖动，出现的蓝色控制柄即为该点曲线的切线，而后在其他地方点击，那么在与前一个点击点之间就出现了一段弧线。按【Ctrl】键在空白处点击强制结束绘制。按【Alt】键可以改变控制柄对称性，在锚点上点击可以删除控制手柄或者将钢笔工具转化成锚点转换工具；按住【Caps Lock】可以将鼠标更改为精确光标。

默认情况下，当将钢笔工具定位到选定路径上方时，它会变成添加锚点工具；当将钢笔工具定位到锚点上方时，它会变成删除锚点工具。

2. 路径

路径是构成对象形状的基础，由一条或多条线段组成的线，严格意义上说图形软件赋予路径是零宽度的，而在通常情况下在利用路径定义形状或者线条时赋予了一定的线宽，目的是明确，且便于应用。锚点就是这些线段从开始至结束之间的结构点，路径可以通过这些结构点来绘制其轮廓形状。

3. 锚点的类型

锚点分为：平滑点、直角点、曲线角点、对称角点和复合角点。

（1）平滑点：平滑点两侧有两条趋于直线平衡的方向线，修改一端方向点的方向对另一端方向点有影响；修改一端方向线的长度对另一端方向线没有影响。

（2）直角点：直角点两侧没有控制柄和方向点，常被用于线段的直角表现上。

（3）曲线角点：该角点两侧有控制柄和方向点，但两侧的控制柄与方向点是相互独立的，即单独控制其中一侧的控制柄与方向点，不会对另一侧的控制柄与方向点产生影响。

（4）对称角点：该角点两侧有控制柄和方向点，但两侧的控制柄与方向点是相同的，即单独控制其中一侧的控制柄与方向点，会对另一侧的控制柄与方向点产生影响。

（5）复合角点：该角点只有一侧有控制柄和方向点，常用于直线与曲线连接的位置，或直线与直线连接的位置。

4. 曲线路径的修改与调节

（1）锚点添加和删除工具：使用锚点添加工具在路径上点击，可以在没有锚点的地方添加一个锚点；使用删除锚点工具可以在有锚点的地方点击删除该锚点。

（2）锚点转换工具：用来改变锚点的样式，决定锚点对其所连接的线条的形状。要将角点转换为平滑点，请将方向点拖动出角点以创建平滑点；如果要将平滑点转换成具有独立方向线的角点，请单击任一方向点；将平滑点转换为角点，要将没有方向线的角点转换为具有独立方向线的角点，请首先将方向点拖动出角点，成为具有方向线的平滑点，仅松开鼠标按钮，然后拖动任一方向点。

（3）直接选择工具：直接选择工具可以直接选择单个的锚点，此时锚点的控制柄会呈现蓝色，并可以拖动锚点的控制柄对曲线进行修改；用直接选择工具选择锚点，并单击"控制"面板中的"删除所选锚点"，可以将选中的锚点删除。

（4）锚点的连接：如果两个端点重合，用直接选择工具圈选两个锚点，单击"控制"面板中的【连接所选终点】按钮，还可以在控制面板中指定锚点的类型；如果两个锚点不重合，使用直接选择工具或者套索工具选中两个锚点，执行锚点面板中的连接两个端点，或者执行【对象】→【路径】→【连接】，快捷键【Ctrl + J】，可以使两个锚点通过直线进行连接。

二、矩形网格工具

（1）矩形网格的绘制：选择矩形网格工具直接在窗口中拖曳鼠标，其中约束键的效果分别是：方向键可以增减矩形网格水平或垂直线条数；按【F】、【V】键可控制垂直方向上的线条分布；按【X】、【C】键可控制水平方向上的线条分布。加【~】移动可复制网格工具；绘制过程中按【空格】可移动图形；按住【Shift】键绘制正方形网格；按住【Alt】键以单击点为中心绘制矩形网格；按住【Shift + Alt】键以单击点为中心绘制正方形网格。

（2）选择矩形网格工具单击画板空白处，弹出矩形网格的对话框，指定整个网格的宽度和高度；水平分隔线，指在网格顶部和底部之间出现的水平分隔线数量；倾斜，决定水平分隔线倾向网格顶部或底部的角度；垂直分隔线，指在网格左侧和右侧之间出现的垂直分隔线数量。倾斜，决定垂直分隔线倾向网格左侧或右侧的角度；使用外部矩形作为框架，复选框是以单独矩形对象替换顶部、底部、左侧、右侧线段；填色网格，复选框是以当前填充颜色填充网格（否则填色设置为无）。

三、描边的类型与装饰

描边就是通过赋予路径一定的线形、线宽、颜色和装饰来描述路径。描边的线型线宽和装饰通过描边对话框进行修改，描边对话框如图 2 – 12 所示。

线型是指实线和虚线。实线是指在绘制时笔画连续而不间断，且线宽也均匀的线条；多用于表述对象的轮廓；虚线常用于描述物体或其自身其余部分被遮挡的轮廓或者运动轨迹。实线绘制时对话框前的虚线不打钩，若采用虚线则在虚线前打钩。Illustrator 定义虚线有基本单元的限制：每一个基本单元包含的短笔画不能超过 3 种，第一个虚线表示第一个短笔画的长度，单位为磅；第一个间隙表示第一个短笔画与第二个短笔画之间的距离，单位依然是磅；第二个虚线表示第二个短笔画的长度；第二个间隙表示第二个短笔画与第三个短笔画的间隙；依次是第三个虚线和间隙。若仅仅定义了第一个短笔画和间隙，其他留空的话则是每个短笔画的长度一致，短笔画之间的距离相等。

描边的粗细即轮廓的宽度，直接输入数值进行定义。颜色则在颜色对话框中，当描边在前时直接定义，也可以使用色板中的颜色进行定义，如图 2 – 13 所示。

描边的装饰是指，轮廓与路径之间的关系分为 3 种：平头、方头和圆头。

平头是指轮廓的长度与路径的长度一致；方头是指以轮廓的粗细形成一个正方形，一分为二装饰在路径的两端；圆头是指以轮廓的宽度为直径的半圆装饰在路径的两端。其效果如图 2 – 14 所示。

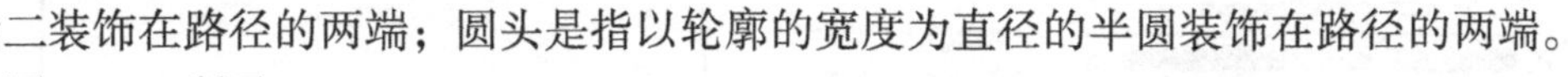

（a）平头　　　　　　　（b）方头　　　　　　　（c）圆头

图 2 – 14　轮廓装饰效果图

描边的连接，轮廓有 3 种装饰属性，则线与线的连接也有 3 种形式，分别是平头的连接、方头的连接和圆头的连接。

同时也有 3 种对齐方式，分别是使描边居中对齐、内侧对齐和外侧对齐。

任务三　明信片的绘制

要求：明信片的大小为 165mm×102mm；整体效果如图 2-15 所示。

图 2-15　明信片

制作步骤：

1. 新建 Illustrator CS5 文件并命名为"明信片"。颜色为 CMYK 的模式，分辨率为 300dpi，文档宽度 165mm，高度为 102mm。出血设定 3mm。

2. 打开【视图】→【显示标尺】，标尺将显示在画板的左侧和顶部，使用鼠标点击标尺交叉位置即零点，拖曳到画板的左上角并释放鼠标，此时页面的左上角即为坐标的 0 点位置。

3. 选择矩形工具，并按住【Alt】键在窗口点击，在矩形对话框中输入矩形的宽度为 171mm，高度为 108mm（每边加 3mm 的出血）。

4. 以矩形对象的左上点作为定位参考点，将其定位在 X-3mm，Y-3mm 处。

5. 自定义专色为矩形填充。在颜色窗口中点击右边的小黑三角，选择新建色板，而后在新建色板中自定义专色，如图 2-16 所示。

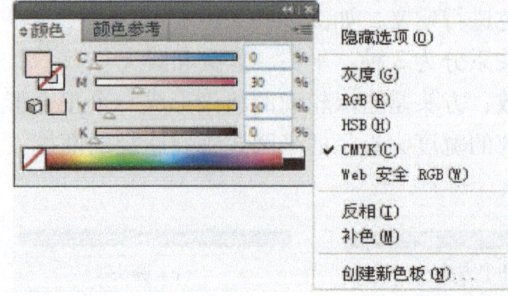 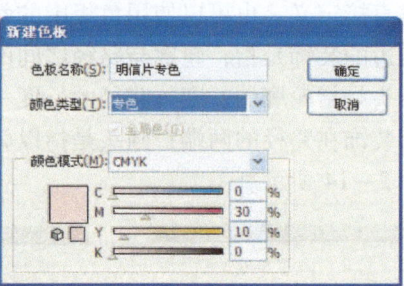

图 2-16　专色定义图

6. 绘制邮政编码框。方法同步骤 3，在矩形对话框中输入宽度 6mm，高度 7mm。

7. 选择步骤 6 绘制的矩形，按【Ctrl + Shift + M】在弹出的移动对话框中输入水平移动的距离为 7.5mm，然后点击复制，并按【Ctrl + D】4 次。并将这 6 个矩形以其几何中心点为定位参考点，将其定位在 X28.5mm，Y9.5mm 处。移动的对话框如图 2 - 17 所示。

8. 选择横向排列的文字工具输入"中国人民邮政明信片"字体为宋体，大小为 18 磅。以其左中点作为定位参考点，将其定位在 X60mm，Y9.5mm 处。

9. 邮票的绘制。选择椭圆工具按住【Alt】键在窗口中点击，在椭圆对话框中输入宽度为 6.25mm，高度为 6.25mm，绘制一个直径为 6.25mm 的正圆，椭圆对话框如图 2 - 18 所示。

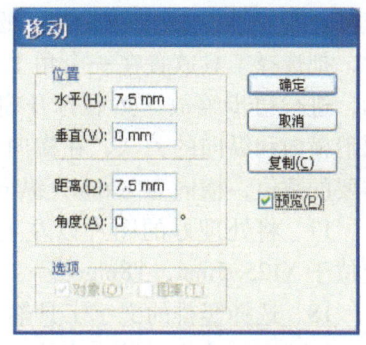

图 2 - 17 移动的对话框

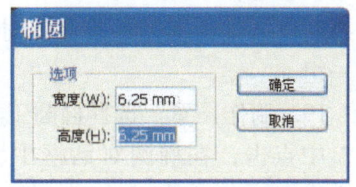

图 2 - 18 椭圆绘制对话框

10. 按【Ctrl + Shift + M】在弹出的移动对话框中输入水平移动的距离为 6.25mm，垂直方向不做移动，然后点击复制，并按【Ctrl + D】6 次。再次【Ctrl + Shift + M】在弹出的移动对话框中输入垂直移动的距离为 6.25mm，然后点击复制，并按【Ctrl + D】4 次。再次按【Ctrl + Shift + M】在弹出的移动对话框中输入水平移动的距离为 - 6.25mm，垂直方向不做移动，然后点击复制，并按【Ctrl + D】6 次。再次按【Ctrl + Shift + M】在弹出的移动对话框中输入垂直移动的距离为 - 6.25mm，水平方向不做移动，然后点击复制，并按【Ctrl + D】4 次，并群组所有的小圆。

11. 选择矩形工具，按住【Alt】键绘制一个长为 40mm，高为 30mm 的矩形，并和步骤 10 中的对象执行中心对齐，即在对齐对话框中执行水平居中对齐和垂直居中对齐。对齐对话框如图 2 - 19 所示。

12. 选择步骤 11 中的矩形，执行【对象】→【排列】→【置于底层】命令。

13. 同时选中步骤 10 中的小圆和步骤 11 中的矩形，执行【路径查找器】→【减去顶层对象】（与形状区域相减）。裁剪前后的效果如图 2 - 20 所示。

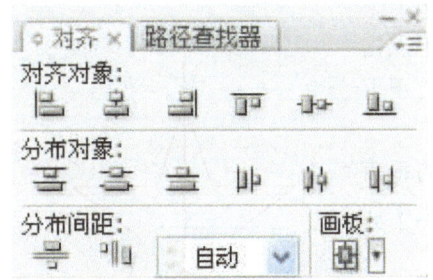

图 2 - 19 对齐对话框

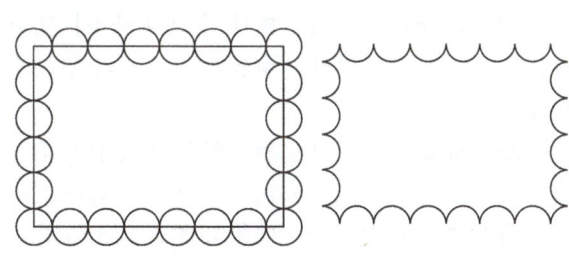

图 2 - 20 裁剪前后对比

14. 将上一步的裁剪对象以左上点作为定位参考点定位在 X122mm，Y4mm 处。

15. 执行【文件】→【置入】打开置入对话框，如图 2 - 21 所示，选择需要的图片，并点击置入，此时便将图片置入到窗口。

16. 将置入的图片按住【Alt】键，向外拖动，直接复制一张，放置在一边。选择其中的一张图片，把选择工具放置在一个角上，然后按住向内拖动，进行初步缩放，然后打开窗口下变换对话框，取消横向和纵向的关联，在横向和纵向中分别输入需要的数值，横向为30mm，纵向为22mm。

17. 将处理好的图片以左上点为定位参考点，定位于X125.5mm，Y8mm处。

18. 选择竖排的文字工具输入文字"中国邮政（80分）"，大小为8磅，宋体。以文字的左上点作为定位参考点，定位于X158mm，Y8mm处。至此邮票制作结束，选择邮票裁剪对象，图片和文字编成一组。

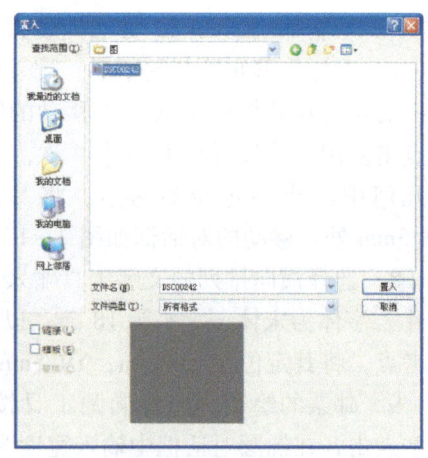

图2-21　置入图片

19. 制作图章。选择椭圆工具按住【Alt】键在窗口中点击，在椭圆对话框中输入宽度为30mm，高度为30mm。边框为2磅，填充红色。

20. 双击缩放工具，在缩放对话框中选择等比例缩放，缩放数值为60%，而后点击复制命令，复制一个同心的小圆。缩放对话框如图2-22所示。

21. 选择沿路径排列的文字工具，靠近复制的小圆并点击，输入"上海市中华人民共和国邮政"，并将文字填充为红色，此时小圆消失转化为路径。如果文字在圆中不对称，可选择旋转工具拖动旋转直到对称为止。

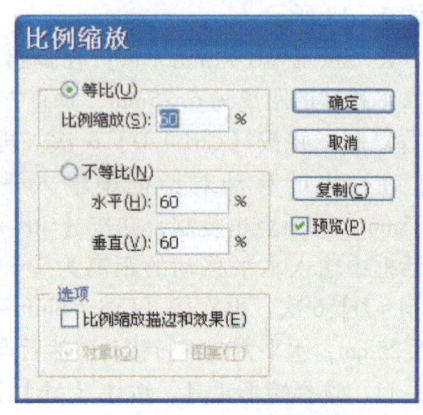

图2-22　比例缩放对话框

22. 将大圆和文字编组。

23. 选择横向排列的文字工具输入"上海市"放置于大圆内的底部，文字的颜色为红色，与22中的编组对象执行【窗口】→【对齐】，水平居中对齐，并将文字和步骤22的对象一起编组。

24. 选择星形工具，按住【Alt+Shift】键在窗口中点击并拖动，然后同时松开约束建和鼠标。绘制一个水平的正五角星。

25. 选择直线工具绘制一条长度大于五角星宽度的垂直直线，同时选中直线和五角星，在对齐对话框中执行水平居中对齐和垂直居中对齐。效果如图2-23所示。

26. 在步骤25中的直线选中的状态下，选择旋转工具在直线外向左拖动，当直线经过五角星的内凹点时按一下【Alt】键，而后同时松开鼠标和【Alt】键。

27. 选择直接选择工具，点击26中复制的直线的另一端点移动，当直线刚好通过凹点对应的角时松开鼠标（如果

图2-23　直线平分五角星（一）

控制不好，可能要多次调整）。效果如图 2-24 所示。

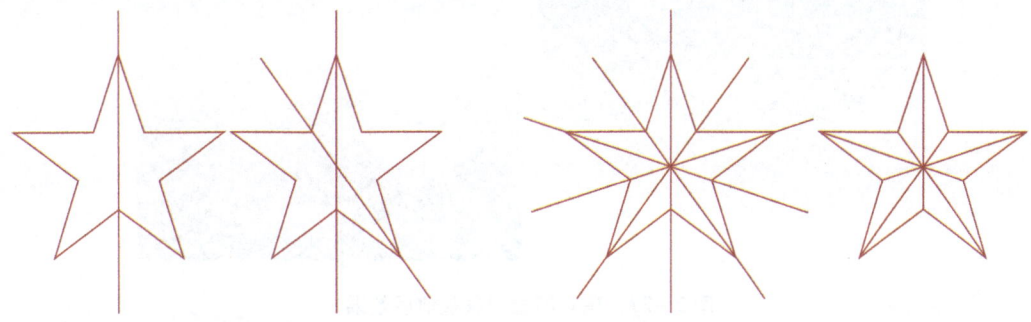

图 2-24　直线平分五角星（二）　　　　　图 2-25　直线平分五角星（三）

28. 使用选择工具重新选取上一步的直线，使用旋转工具，按住【Alt】键，将鼠标放置在两条直线的交叉位置点击鼠标，在弹出的旋转对话框中输入 72°，并点击复制按钮，而后按【Ctrl+D】2 次，形成 5 条直线平分五角星的效果，如图 2-25 左图所示。

29. 选中五条直线和五角星，执行路径查找器下的分割命令，并执行【对象】→【取消编组】命令，形成内部成交叉线的五角星效果，如图 2-25 右图所示。

30. 使用选择工具间隔一个选中一个五角星中的一个三角形填充，内部填充红颜色（M100%、Y100%）。再次选择剩余的三角形填充 M100%、Y100%、C30%。

31. 选中五角星将五角星的边框设置为 0 磅，或者取消其边框的颜色填充，并对五角星编组，此时五角星的效果如图 2-26 所示。

32. 同时选中五角星和步骤 23 中的对象，执行中心对齐，形成图章，并将对象以中心点作为定位参考点，将其定位在 X120mm，Y25mm 处。印章效果如图 2-27 所示。

33. 选择横向排列的文字工具输入 "2012 06 04" 字体为 Times New Roman，大小为 12 磅。使用矩形工具绘制一个宽度为 21mm，高度为 6mm 的矩形，将文字与矩形执行中心对齐，并编组，将该对象置于图章内部，位置无须固定。

34. 选择置入的图片，在变换对话框中调整其大小，宽度为 80mm，高度为 60mm。

35. 使用矩形工具绘制一个宽度为 80mm、高度为 60mm 的矩形，打开窗口的渐变填充对话框，点击对话框左边的渐变滑块，到颜色窗口中设定其白色，点击右边的渐变滑块在颜色窗口设定其颜色为黑 100%，角度为 90°。渐变填充对话框设定如图 2-28 所示。

图 2-26　五角星填充效果

图 2-27　图章效果

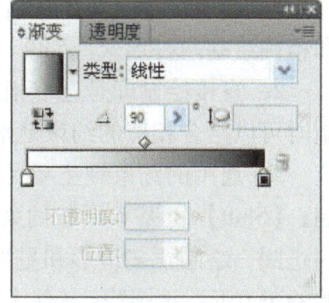

图 2-28　渐变填充对话框

36. 将矩形与图片执行中心对齐，并执行【透明度】→【建立不透明蒙版】，则建立蒙版前后的效果如图 2-29 所示。

图2-29 建立不透明蒙版前后效果

37. 将建立不透明蒙版后的对象以其几何中心作为定位参考点，定位在X43mm，Y60mm处。

38. 使用直线工具绘制一条长为58mm的直线，使用横向排列的文字工具输入"收信人地址："，字体为宋体，大小为10磅，并将其与直线靠近，与直线一起执行底端对齐。

39. 使用选择工具按住【Alt】键向下拖动一定的距离直接复制文字和直线三次，并将文字分别修改成"收信人姓名："、"寄信人地址："、"寄信人姓名："并分别将文字和直线编组。

40. 选择39中的对象，执行左对齐并和分布中的垂直居中分布，并编组。将该对象以其几何中心为参考，中心地位在X82.5mm，Y50mm处。

41. 选择横向排列的文字工具输入："国家邮政局发行（2012）"并将其以左中点作为定位参考点，将其定位在X3mm，Y95mm处。

42. 使用与步骤6中的同样方法，绘制下面的邮政编码，邮政框的宽为4mm，高度为4.5mm。并以其左中点为定位参考点，将其定位在X123mm，Y95mm处。

43. 编组所有的对象，至此明信片绘制结束。

相关知识点三

一、基本图形的绘制

1. 基本图形主要是包括直线工具组和矩形工具组中的工具。每种工具都有直接绘制和精确绘制两种形式。

2. 直接绘制即是选取相应的工具在窗口中点击直接拖曳鼠标。生成相应的对象，绘制时可以结合相应的约束键来使用。

3. 通用的约束键主要是【Alt】、【Shift】键。当绘制时按住【Alt】键表示从中心绘制；【Shift】键基本形状约束，比如按住该键可以使用矩形绘制正方形，使用椭圆工具绘制正圆，绘制正多边形和星形等；当同时按住【Shift】和【Alt】键时可以绘制从中心开始的正方形，正圆等；按住【~】键可以绘制一组对象；按住【空格】键可以移动绘制对象到窗口的其他位置，此时像是对象粘贴在鼠标上，到其他位置释放空格键后继续进行绘制。

4. 其他的约束键。圆角矩形工具绘制时按住向左或者向右的方向键，可以减少或者增加圆角矩形的半径，即在矩形和圆角矩形之间改变。

弧线绘制对象时按住【C】键可以在闭合与开口之间转换，按住【F】键可以在上凸和下凹之间转换，按住【Shift】键可以得到 X 轴、Y 轴长度相等的弧线，按住向上或者向下的箭头可以增加或者减少弧线的曲率。

极坐标工具绘制图形时按住向上的方向键可以增加极坐标的圈数，向下的方向键减少极坐标的圈数，向右的方向键增加射线的数量，向左的方向键减少射线的数量。

按住【Ctrl】键绘制螺旋线时可以调节螺旋线的疏密程度，即可保持涡形的衰减比例；按住【R】键可以改变涡形的旋转方向；按住【Shift】键可以控制螺旋线的角度是 45°的整数倍；按住向上或者向下的方向键可以增加或者减少涡形路径片段的数量。

5. 精确绘制。选择所需要的工具在窗口中直接点击，弹出相应工具的绘制对话框，输入相应的数值，设定参数之后在窗口生成相应的对象。或者按住【Alt】键在窗口中点击，点击点即为生成对象的几何中心点。

二、复制、直接复制、重复复制、剪切、粘贴

1. 在 Illustrator 复制是将对象生成一个同样的对象，将该对象放置于电脑的剪切板上，快捷键为【Ctrl + C】；当执行粘贴命令时，该对象在窗口中生成一个同样的对象，快捷键为【Ctrl + V】，可以执行多次粘贴，生成多个同样的对象，当再次复制其他对象时，剪切板中的对象才被新对象替换。

2. 直接复制是不经过电脑的剪切板，直接在窗口中生成一个同样的对象，直接复制可以在移动、旋转时一同进行。约束键是【Alt】，当按住【Alt】键，同时移动对象，到某位置一同松开鼠标，即直接复制了一个对象。当按住【Alt】键旋转对象时，一同松开鼠标同样也复制了一个对象等。

3. 重复复制是重复上一步的复制操作，比如第一次是向右移动 10mm 复制了一个对象，那么该次依然是向右移动 10mm 复制一个对象，快捷键为【Ctrl + D】。

4. 剪切与复制不同的是剪切将对象从窗口中剪掉，放置于剪切板中，快捷键为【Ctrl + X】，粘贴时再将对象生成在窗口之中，可以执行多次粘贴。

三、对象的移动与旋转

1. 对象的移动和旋转属于对象的基本变换范畴，有两种基本操作可以实现：一种是直接操作；另一种是精确控制方式。

2. 移动的直接操作是使用选择工具直接将对象拖动到窗口的其他位置，释放鼠标，则对象即可移动到该位置；旋转则是使用选择工具直接在窗口中拖曳鼠标，到合适的位置释放鼠标后，对象便旋转到该位置。

3. 精确移动是通过变换下的移动对话窗口，快捷键是【Ctrl + Shift + M】弹出移动的对话框，如图 2 - 30 所示。可以在水平、垂直和任意角度方向移动，输入相应的数值即可。选项中的对象是指当对象中有填充时，如果只勾选"对象"即只移动对象本身，而内部的填充不发生移动，反之亦然，但同时勾选时则同时发生移动。

4. 旋转的直接操作是直接选择旋转工具，在对象周边点击鼠标，鼠标立刻变成双向的箭头推拉即可旋转对象，当旋转时按住【Alt】键可以在旋转的同时直接复制对象。

5. 旋转的精确控制是选择旋转工具，按住【Alt】键在需要作为旋转中心的位置点

击，同时弹出旋转对话框，输入旋转的角度，点击确定即可发生旋转，如果点击复制，则是在旋转到的位置直接复制一个对象。同样对话框下面的选项"对象"和"图案"与移动相同。如图2-31所示。

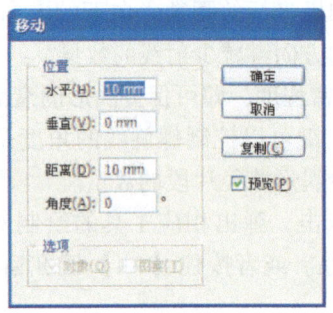

图2-30 精确移动对话框

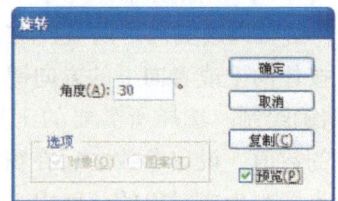

图2-31 旋转对话框

四、对象的对齐与分布

对象的对齐是指对象之间的位置依照目标对象按照一定的规律进行排列。对象对齐的结果与对象建立的先后顺序或者选择的先后顺序有直接的关系。对齐必须是两个或两个以上的对象。对齐可以分为左对齐、右对齐、垂直居中对齐、水平居中对齐、顶端对齐和底端对齐。

分布则是3个或者3个以上的对象，按照一定的规

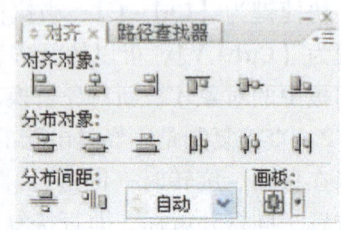

图2-32 对齐与分布对话框

律进行重新排列，从一个对象中心到另一个对象中心的水平或者垂直间距是一致的。可以分为垂直分布间距和水平分布间距。对齐和分布的对话框如图2-32所示。

五、蒙版的概念

蒙版可以理解成覆盖在某个图层上的一张透明纸，上面只有黑色、透明（在操作时不是透明而是白色）和不同灰度的灰色。这并不是说图像上真的有这些颜色。黑色的区域是被完全盖住的，属于完全不存在的；白色的区域是完全露出的，属于完全存在的；灰色的部分是介于存在和不存在之间的，可以理解为半透明。应用蒙版后，黑色的部分就没了，白色的部分还有，灰色的部分就变成了不同程度的半透明。

以建立剪切蒙版为例，以绘制的蒙版图形为边界，内部是存在的，可以显露出来；外部的就全部被遮挡住，显露不出来。而建立不透明蒙版，是在建立剪切蒙版的基础上，在内部蒙版上有灰色的部分显露的效果弱，白色的部位最强。类似于光线穿透，有颜色的部分光线被吸收了一部分，而白色的部分则完全透出，效果如图2-29所示。建立反相蒙版则与建立剪切蒙版相反，原来白色的部分完全不存在，而黑色的部分存在。

蒙版使用时还可以结合不透明度变换出更多的效果。蒙版的打开是在【窗口】→【不透明度】，而后点击不透明度窗口右边的小黑三角，显示出建立蒙版的菜单，打开透明度的快捷键为【Ctrl + Shift + F10】。释放剪切（不透明）蒙版等就是蒙版的逆操作。蒙版建立的对话框如图2-33所示。

项目二　图形的基本绘制

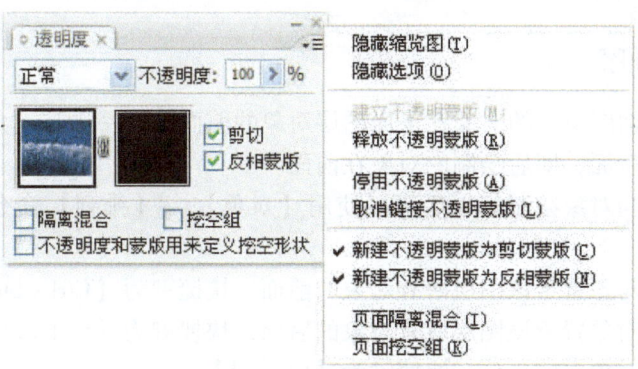

图 2－33　建立蒙版对话框

六、路径文本

　　Illustrator 的文本工具首先分为横向排列和纵向排列两大类，每一种文本工具又分为艺术文本工具、沿路径排列的文本工具和段落文本工具。文本的主要特点是只有内部填充而没有边框。但文字转化为曲线之后便失去了文字的特性，仅仅具有图形的属性。转化为曲线的快捷键为【Ctrl + Shift + O】。

　　艺术文本是使用艺术文本工具直接在窗口中点击输入即可。艺术文本既具有文字的属性，同时又具有图形的属性。

　　沿路径排列的文本工具首先是要有路径，当路径文本工具靠近路径之时，路径显示为蓝色的基线，路径本身消失。路径文本的调节首先是使用路径文本工具选中相应的文本，然后对其做相应的调节，使用选择工具选中路径文本，显示柱状光标，用选择工具拖动柱状光标，可以调整其沿路径排列的位置或文字在路径的内侧或者外侧。效果如图 2－34 所示。

　　段落文本像是内容对象，容纳于目标对象，即容纳于段落框之中，主要是用于排版。使用段落文本前必须先创建一个文本框，文本框不能为复合路径。当绘制好文本框之后，使用段落文本靠近文本框，文本框消失并显示为蓝色，在内部输入文字，文字即在框内排列。调整文本段落的行距，前空与后空等主要是在字符与段落窗口，其对话框如图 2－35 所示。

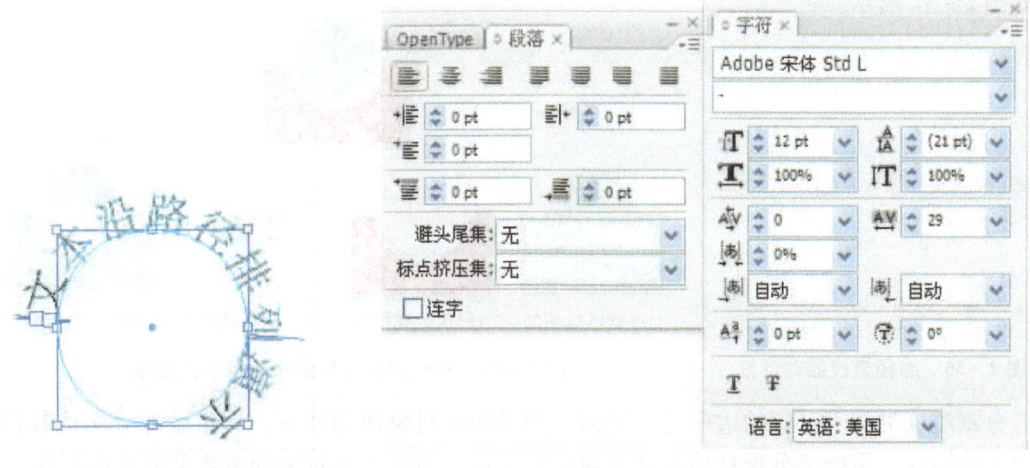

图 2－34　文本路径调节图　　　　　图 2－35　段落与字符对话框

21

七、对象的顺序

图形软件中上面图层中的对象在下面图层对象的前面，同一图层对象中，先绘制的对象在后绘制对象的后面，即后绘制的对象在前面。

在同一图层中当对象绘制好以后可以使用【对象】→【排列】命令来调整对象的先后顺序。

置于顶层是将对象置于该图层所有对象的前面，快捷键为【Ctrl + Shift +]】。
置于底层是将对象置于该图层所有对象的后面；快捷键为【Ctrl + Shift + [】。
前移一层是将对象向前一位。快捷键为【Ctrl +]】。
后移一层是将对象向后一位。快捷键为【Ctrl + [】。

八、对象的逻辑运算

对象的逻辑运算是指由两个或者两个以上对象，经过逻辑运算生成新对象的过程。在图形 Illustrator 软件中主要的逻辑运算是在路径查找器中进行的，其主要运算包括：形状模式和路径查找器。打开路径查找器的快捷键为【Ctrl + Shift + F9】。

形状模式包括：联集（与形状区域相加）、减去顶层（与形状区域相减）、交集（与区域形状相交）、差集（排除重叠形状）。

路径查找器包括：分割、修边、合并、裁剪、轮廓、减去后方对象。

对象的逻辑运算的结果属性与各个原对象的先后顺序和属性有着密切的关系。同样个数的原对象如果先后顺序不一致，逻辑运算的结果会有很大的区别。路径查找器对话框如图 2－36 所示。

与形状区域相加，新对象的属性与后建立的对象属性一致；与形状区域相减，新对象的属性与前面建立的对象属性一致；与形状区域相交，新对象的属性与后建立的对象属性一致；排除重叠形状，新对象的属性与后面建立的对象属性一致。以上面为原对象，边框为黄色内部填绿色的圆和边框为青色内部填红色的矩形，圆为后面绘制的对象（前面的对象），矩形为前面绘制的对象（后面的对象）为例，分别执行各种形状模式逻辑运算的效果如图 2－37 所示。

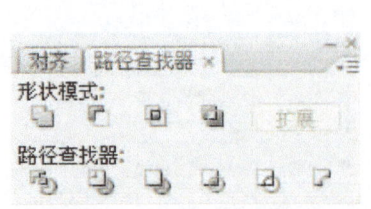

图 2－36　路径查找器对话框

图 2－37　同一组原对象逻辑运算后的结果

分割运算类似于对象的边框是一把刀，把其他的对象切割开来，非重叠部分保持各自原对象的属性，重叠部分保持后面建立的属性，前面建立对象的重叠部分不再存在。

修边后修边是排除重叠形状，并取消所有对象的边框，后面建立的对象重叠部分依然存在，而先建立的对象重叠部分不再存在。

轮廓运算是清除内部所有的填充，新的对象保留轮廓，与分割类似，对象彼此分割开来，非重叠部分保持各自原对象边框的属性，重叠部分保持后面建立对象边框的属性。前面建立的对象重叠部分不再存在。

减去后方对象是用后面建立的对象减去前面建立的对象，前面建立对象全部消失，包括重叠部位，新生成的对象轮廓保持后面建立对象的属性。

合并运算是排除重叠形状，消除对象的轮廓，并将同样填充颜色的对象合并在一起。与轮廓运算不同的是合并同样填充颜色的对象。

裁剪运算后对象的轮廓全部消失，是后面建立的对象减去前面建立的对象，保留重叠部分的各自原对象的填充属性，后面建立的对象非重叠部分内部颜色消失，但路径保留，轮廓的颜色消失。与减去后方对象不同的是后建立路径的非重叠部分路径保留，内部和轮廓颜色不再保留。

分割、修边、轮廓、减去后方对象同样以形状模式的原对象作为路径查找器逻辑运算的原对象进行运算，其各自产生的效果如图2-38所示。

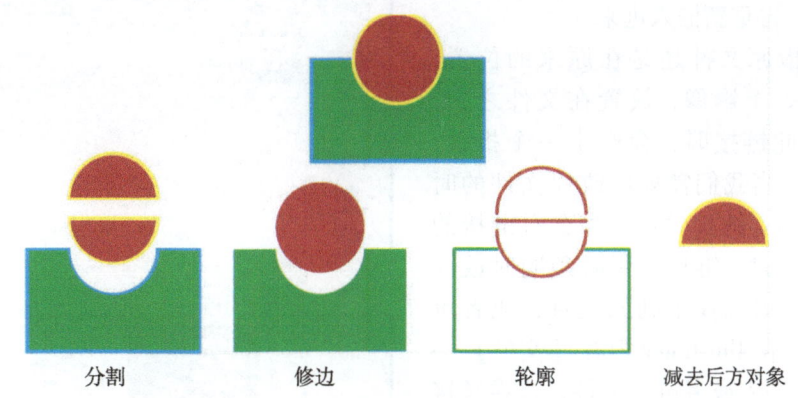

图2-38 路径查找器的四种运算

合并与轮廓、裁剪与减去后方对象有共同点也有区别，用两个原对象不容易得出结果，尤其是合并与修边不容易看出区别，因而使用三个对象进行举例说明，其中两个对象填充同样的颜色，但轮廓属性不一致。效果如图2-39和图2-40所示。

图2-39 路径查找器修边与合并

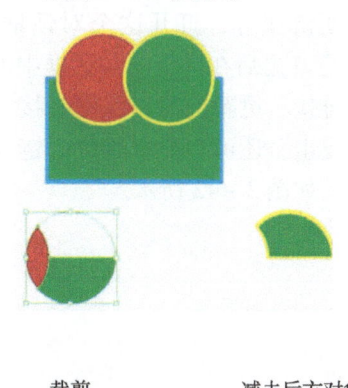

图2-40 路径查找器裁剪与减去后方对象

九、印刷中出血的概念

印刷中的出血是指加大产品外尺寸的图案，在裁切位加一些图案的延伸，专门给各生产工序在其工艺公差范围内使用，以避免裁切后的成品露白边或裁到内容。在制作的时候分为设计尺寸和成品尺寸，设计尺寸总是比成品尺寸大，大出来的边要在印刷后裁切掉，这个要印出来并裁切掉的部分就称为印刷出血。

上述明信片的净尺寸宽为165mm，高度为102mm，是其裁切后的尺寸，出血一般设定为3mm，但并不是个固定的数值，而是根据后工序加工要求适当扩大设计尺寸。那么上下左右各加3mm之后，宽度为171mm，高度为108mm。明信片之所以需要出血是因为底色是满版，如果不加出血再裁切时可能会露出白纸的颜色，故而添加出血部位。

十、对象的链接与嵌入

对象的链接与嵌入是一种信息共享的关系，对象的嵌入是指把原对象直接复制了一个对象放入到原文件中，如果要修改必须把原文件修改，再重新嵌入进来。

链接是指原文件还是在原来的位置，只是生成了一个影像，放置在文件之中，当文件读到此链接时，会产生一个指针，指向原文件。当我们需要修改原文件的时候必须重新建立链接关系。当含有链接的文件需要移动时，链接文件必须同时放在一起移动，否则就找不到原文件，或者重新链接对象。在 Illustrator 中在【文件】→【置入】可以嵌入或者链接文件，当在链接文本框中打钩时表示是链接关系，如果不打钩表示是嵌入关系。链接和嵌入对话框如图 2-41 所示。

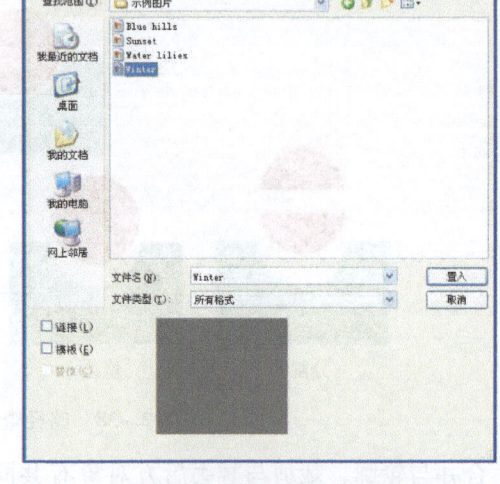

图 2-41　链接与嵌入对话框

当对象链接进来之后，也可以将链接转成嵌入，或者执行重新链接等，打开这个对话框是在【窗口】→【链接】，打开之后在弹出的对话框中的下部有：更新链接、转至链接、更新链接和编辑链接。在窗口右边的小黑三角处点击，还可有更多的关于链接和嵌入命令。链接的对话框如图 2-42 所示。

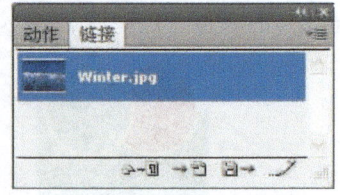

图 2-42　链接对话框

项目二 图形的基本绘制

技 能 训 练

按照要求绘制下列图形

1. 直线与基本图形训练:依照图例绘制简易钟表,要求钟表的直径为 120mm。效果如图 2-43 所示。

2. 直线与基本图形以及定位训练。效果如图 2-44 所示。

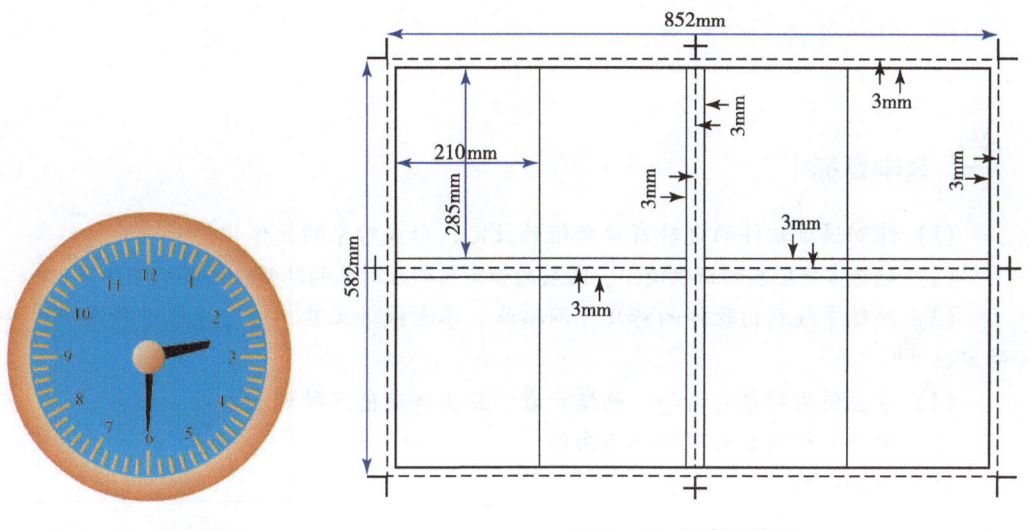

图 2-43 简易钟表　　　　图 2-44 拼版示意图

3. 项目二所接触到的基本绘制中快捷键,约束键等总结记忆。

提示:Shift、Alt、Ctrl、空格、方向键等。

项目三　图形的基本变换

教学目标

（1）能够通过软件的绕转窗口数值的设定，形成对象的立体化。
（2）熟练掌握图层的正确使用、图层的锁定与图层对象的隐藏、图层的顺序等。
（3）熟练掌握利用软件的标尺、网格线、参考线等工具，通过坐标进行准确的定位。
（4）学会使用对象的调和，包括步数、距离和颜色三种调和方式。
（5）学会分析判断文字转化为曲线。
（6）学会使用和定义专色。

能力目标

（1）分析通过基本的对象，使用何种方式达到对象立体化的效果。
（2）掌握图层的顺序，图层使用的正确方法。
（3）掌握利用多种对象定位的方式准确定位对象。
（4）掌握对象调和的各种应用，尤其是替换混合轴，逆序排列等。
（5）掌握利用文字转化为曲线之后，失去文字属性，具有图形属性创建各种效果。
（6）正确使用软件中专色色库和自定义专色，了解专色在印刷中的应用。
（7）准确找出对象中的游离点，并删除。

知识目标

（1）了解立体化窗口中各个数值的含义和正确使用。
（2）了解如何发挥图层在图形制作中的作用。
（3）了解如何对图形进行准确的定位。
（4）了解调和的原则、调和的方式。
（5）了解刀线在印刷中的应用。
（6）了解专色在印刷中的应用，如何自定义专色，专色与分色输出的关系。

项目三 图形的基本变换

任务一 珍珠容器的制作

要求：制作盛满五颜六色珍珠的碗，效果如图 3-1 所示。

制作步骤：

制作前的分析。无论是珍珠还是碗，如果像我们日常绘画一样绘制，那需要相当深的美术功底，但结合我们所学的立体几何，珍珠是球形，用一个圆是否可以通过旋转做出来呢？如果把碗纵向剖开，从碗底的中心到边缘（即剖面的一半）这个剖面线段绕转一周，就完全可以旋转出碗的形状，所以我们采用绕转的方式绘制碗。

图 3-1 珍珠碗

1. 新建 Illustrator CS5 文件并命名为"珍珠碗"，画板数量为 1 个，文档的设置大小为 A4 幅面，颜色模式为 CMYK。

2. 选择钢笔工具绘制如图 3-2 所示形状的曲线，将其作为基本单元。对轮廓填充：Y100%、M20%。

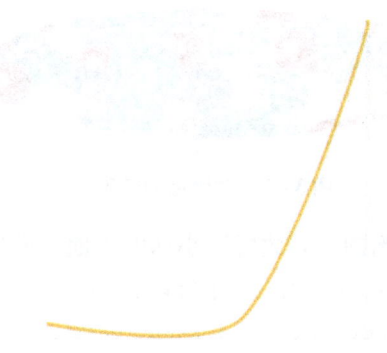

图 3-2 绘制

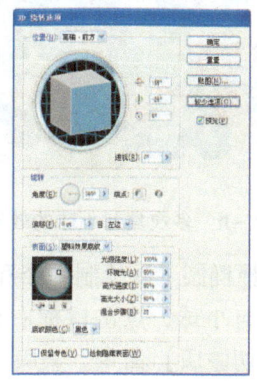

图 3-3 绕转对话框

3. 打开【效果】→【3D】→【绕转】命令，其对话框如下，绕转的数值设置如图 3-3 所示。

4. 点击确定之后生成碗的形状。此时旋转的起始路径依然存在，可以使用直接选择工具调整路径的形状，成品的形状自然跟着变化。效果如图 3-4 所示。如果不需要调整，即可以执行【对象】→【扩展外观】的命令。

图 3-4 曲线旋转后的效果

5. 选择椭圆工具，按住【Shift + Alt】键绘制一个大小合适的正圆，然后选择直线工具绘制一条长度大于正圆直径的直线，同时选择正圆和直线执行水平居中对齐，接着执行路径查找器下的分割命令。

6. 然后将分割后的对象执行取消编组命令，将右边的半圆给予删除。

7. 对剩余的半圆执行边框填充，颜色为Y100%，内部填充也为Y100%（如果只填充边框也可以到达效果，但有时会出现露白的现象，为防止出现这种现象对内部也执行填充）。

8. 执行【效果】→【3D】→【绕转】命令，即可形成球状物体，效果如图3-5所示。红色的半圆即为绕转的基本路径。

9. 按住【Alt】键并移动上步的球状物，然后同时松开鼠标，即复制出一个小球，以同样的方法多复制几个并放置在一起，以显示密集。

图3-5　曲线旋转后的效果

10. 选中上步复制的小球，对边框和内部的颜色进行修改，分别修改成红色 Y100%，M100%；蓝色 M100%，C100%；绿色 Y100%，C100%；黑色 K100%；青色 C100%；品红色 M100%等几种颜色。

11. 调整球的前后顺序，以示是随机排列。

12. 同时选中上述小球，执行【对象】→【扩展外观】的命令。而后按住【Alt】键多次复制小球，并集中放置在一片区域之中，效果如图3-6所示，并将这些小球编组。

图3-6　多次复制小球的效果

图3-7　蒙版后的效果

13. 选择椭圆工具绘制一个和碗口差不多大小的椭圆。并放置于小球的上面。而后同时选中椭圆与小球，点击鼠标右键执行建立剪切蒙版。或者执行【窗口】→【透明度】→【建立剪切蒙版】命令。蒙版后的效果如图3-7所示。

14. 将蒙版后的小球放置于碗口部位，并使用直接选择工具调整作为蒙版的椭圆，使其与碗口相一致，即可得到球装于碗中的效果。

相关知识点一

1. 绕转是建立3D效果的一种快捷有效的方法。其原理是全局围绕Y轴（即绕转轴）绕转一条路径或者剖面，使其做圆周运动来建立3D的效果。绕转的对话框如图3-3所示。

2. 绕转对话框的内容解释。

（1）位置：可设置对象如何绕转以及观看对象的透视角度。

（2）绕转：可以设定对象的角度和偏移位置，使其转入三维之中。

（3）表面：可创建各种形式的表面，从暗淡、不加底纹的不光滑表面到平滑、光亮看起来类似塑料表面。

（4）光源：对话框中可以设定一个或者多个光源，调整光源的强度、改变对象的底纹颜色，以及围绕对象移动光源以实现生动的效果。

任务二　正八面体纸盒平面展开图的绘制

要求：制作边长为 50mm 的正八面体纸盒，每个面的边长为 50mm，印刷面与刀线分别放置于不同的图层，边缘粘贴部位的宽度为 6mm。效果如图 3–8 所示。

制作步骤：

制作前的分析。正八面体的每个面为正三角形，要求边长为 50mm，三角形绘制时输入的是内接圆半径和外接圆半径，如果通过这个计算边长则比较烦琐，当三角形一条边为水平方向时，则三角形的宽度即为边长的宽度，因而绘制时先绘制正三角形，再调整其边长。

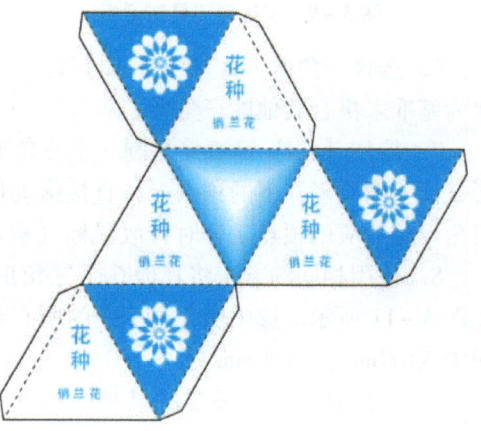

图 3–8　俏兰花种子纸盒

8 个三角形两种状态，只要绘制一个其他的旋转复制或者直接复制就可以了。粘贴的部位是一个等腰梯形，也是两种状态，从水平方向分别旋转 60°或者 –60°即可。

再者是效果图中的兰花，如果将其分解，把白色部分和青色部分合起来看，应该是一个个的椭圆旋转复制而成。白色的部分可以认为是白色填充，青色部分可以认为是透出底色，那么可以理解为多个椭圆经过逻辑运算，排除重叠形状后的效果。

中心部位白色到青色的渐变，可以看成中间是一个小的三角形，到外面大三角形的渐变，从颜色到颜色的逐步渐变。

整个对象是重复的正三角形，关键是如何将这些正三角形进行准确的对齐和定位。基于以上的分析我们可按如下制作俏兰花种子的纸盒。

1. 新建 Illustrator CS5 文件并命名为"俏兰花"，画板数量为 1 个，文档的设置大小为 A4，颜色模式为 CMYK，分辨率为 300dpi。

2. 打开【视图】→【智能参考线】，快捷键为【Ctrl + U】；打开【视图】→【标尺】，快捷键为【Ctrl + R】。将鼠标放置于标尺的交叉口处点击鼠标并拖动到页面的左上角，释放鼠标作为坐标的原点。此时所在的图层定义为图层 1。

3. 选择多边形工具，在窗口中点击弹出的多边形工具的对话框，设定角点数为 3，输入外接圆半径（只要输入合适即可，后面还要调整），如果多边形先前定义过，只要按住【Shift】键在窗口中直接绘制即可。多边形的对话框如图 3–9 所示。

4. 打开变换对话框，锁定高和宽的比例，在宽度中输入 50mm，高度自然跟着变化。

5. 按住【Alt】键直接拖动刚生成的三角形，直接复制一个。使用旋转工具同时按住【Alt】键，在三角形的左下锚点点击，以此为旋转中心，在弹出的对话框中输入旋转的角度为 180°，点击复制，为便于区别给予编号 1 和 2。效果如图 3-10 所示。

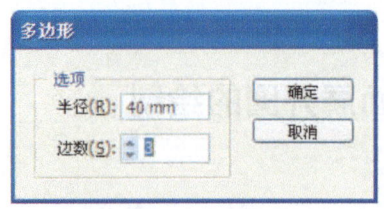

图 3-9 多边形工具对话框

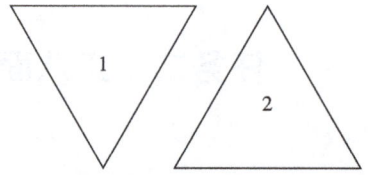

图 3-10 两个方向的三角形

6. 选择三角形 1 并按住【Alt】键，将其拖动到一个空间比较大的位置释放。以该对象为基准来拼合其他的三角形。

7. 按住【Alt】键直接复制一个三角形 2，释放鼠标，然后将鼠标放置在复制的三角形 2 的上面或者左下的顶点上，直接拖动鼠标使其靠近基准三角形相应的顶点，当与基准三角形相对应的顶点重合时释放鼠标（提示：必须严格控制锚点重合）。

8. 使用相同的方法将其他 6 个三角形按照结构需要，将其放置到合适的位置，效果如图 3-11 所示。选中图 3-11 中的所有对象将其以几何中心作为定位参考点，定位于页面中 X100mm，Y100mm 处。

9. 删除页面上不需要的其他对象，将图 3-11 中的对象编组和复制。

10. 打开【窗口】→【图层】，快捷键为【F7】。并新建一个图层，命名为"刀线"，在该图层上执行粘贴命令。

11. 刀线图层上的对象以几何中心为参考定位点，将其定位在 X100mm，Y100mm 处。

12. 选择矩形工具绘制一个宽度为 50cm，高度为 6cm 的矩形，再绘制一个宽度为 40cm，高度为 6cm 的矩形。

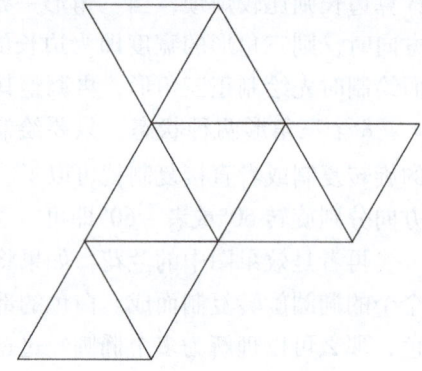

图 3-11 八个三角形定位图

13. 同时选中两个矩形执行底端对齐和水平居中对齐，效果如图 3-12 所示，目的是将大的矩形改变为等腰梯形。

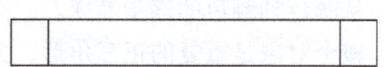

图 3-12 两个底端对齐的矩形

14. 使用直接选择工具，点击大的矩形的左下锚点，按住【Shift】键向右移动到小矩形的左下顶点。以同样的方法移动大的矩形的右下顶点到小矩形的右下顶点。而后将小的矩形删除，形成一个等腰梯形。

15. 选择旋转工具，按住【Alt】键在梯形的几何中心点击，弹出旋转对话框，输入旋转角度为 60°，复制一个对象；以同样的方式在 -60° 方向再次复制一个梯形。

16. 选择相应的梯形，类似于三角形定位一样，参照如图 3-8 所示将其定位于合适的位置。形成轮廓的雏形，效果如图 3-13 所示。

图 3-13 轮廓雏形

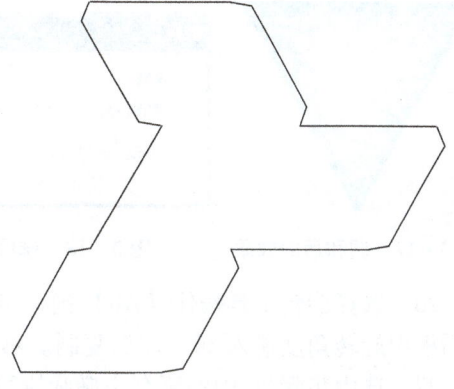

图 3-14 与形状区域相加的效果

17. 将轮廓雏形中对象取消编组,并执行路径查找器中的与形状区域相加命令。形成如图 3-14 所示的结果(注意:有可能内部的线段没有消失,原因是没有对整齐,使用选择工具重新调整使之对齐)。

18. 检查各个锚点的连接处,是否有断裂,如果有,选中两个锚点执行【Ctrl + J】命令将其进行连接(注意:在连接的过程中如果有游离点,注意删除)。

19. 使用直线工具,将内部消失的线条即压痕线使用虚线绘制出来。虚线的实部为 3 磅,虚部也为 3 磅,端点采用平头的装饰。效果如图 3-15 所示。

20. 选中图 3-15 中的所有对象,点击颜色窗口中边框填充,定义边框的颜色为专色,或者在色板中找出专色对边框进行定义(专色没有固定是何种专色,目的是为裁切压痕等使用,无须印刷,拼版后产生专色版用来做刀版)。

21. 在图层窗口中将刀线图层锁定,并点击图层 1,回到图层 1 中进行相应的编辑。

22. 将图 3-11 取消编组。选中最中心的一个三角形,即第二行第二个三角形。执行【对象】→【路径】→【偏移路径】,偏移量如图 3-16 所示。

23. 将路径偏移新生成的小三角形填充白色,并取消小三角形和中心三角形边框的颜色。

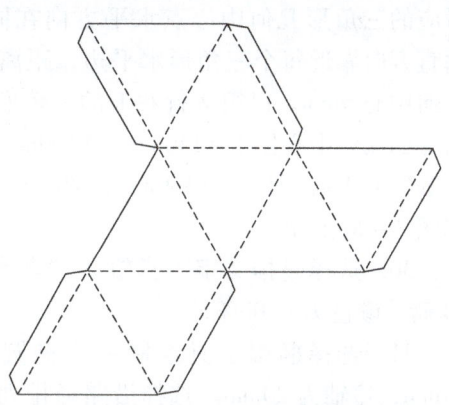

图 3-15 完整的轮廓效果

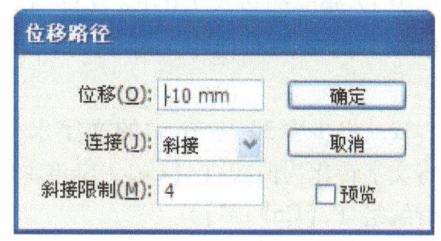

图 3-16 路径偏移

24. 将中心三角形填充 C100%。并同时选中路径偏移的小三角形和中心三角形,执行颜色调和,调和后的效果如图 3-17 所示(注意:执行颜色调和时必须从小三角形的相应的顶点向中心三角形相应的顶点调和,否则得不到想要的效果)。

25. 选择椭圆工具,按住【Alt】键在窗口中点击,在弹出的椭圆对话框中输入如图 3-18 所示的数值,绘制椭圆,内部填充 C100%。

 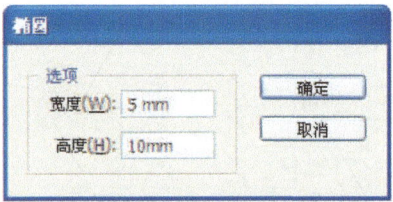 

图 3-17 调和后的效果　　图 3-18 椭圆的数值设定　　图 3-19 逻辑运算后的椭圆组

26. 选择旋转工具按住【Alt】键在步骤 25 中椭圆底部的锚点处点击，在弹出的旋转对话框中旋转角度输入 30，而后复制。然后按住【Ctrl + D】键重复复制 10 次。

27. 选中步骤 26 中的所有小椭圆执行路径查找，排除其中重叠形状。12 个椭圆的效果变化成如图 3-19 所示。

28. 将图 3-11 中最外面边角的 3 个三角形填充 C100%，即第 1 行左 1，第 2 行右 1，第 3 行左 1 的 3 个三角形。

29. 将逻辑运算后的椭圆组填充白色，并直接复制两个，分别将其放置于步骤 28 中的 3 个三角形之中。其位置是：椭圆的几何中心点与其相对应的三角形几何中心点水平方向在同一位置，垂直方向靠近每个三角形水平边，距离三角形的几何中心 5mm。以第 2 行右 1 的三角形为例，三角形的几何中心位于 X150mm，Y100mm 处。那么椭圆组的中心即位于 X150mm，Y95mm 处。效果如图 3-20 所示。

30. 选择竖排文字工具输入"花种"，黑体 20 磅，颜色为 C100%。

31. 选择椭圆工具绘制一个椭圆，长轴为 40mm，短轴为 20mm。选择沿路径排列的文字工具在椭圆上输入文字"俏兰花"。字体为黑体，大小为 12 磅，颜色为 C100%（注意：文字的几何中心与椭圆的几何中心垂直方向在同一直线上）。

32. 将步骤 30 与 31 中的文字水平居中对齐并将文字转化为曲线（【Ctrl + Shift + Q】），而后执行编组（【Ctrl + G】）。

33. 将编组后的文字放置于剩余的四个三角形之中，其几何中心的位置与相应三角形几何中心的位置在水平方向上一致，垂直方向靠近每个三角形的水平线 5mm。

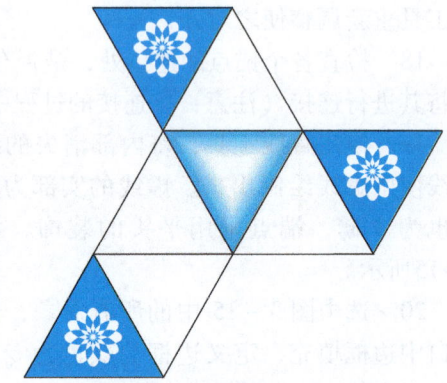

图 3-20 放置椭圆组后的效果

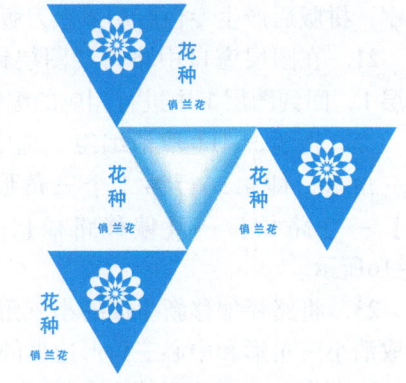

图 3-21 俏兰花图层 1 全部效果

34. 选中图层 1 中所有的对象并执行编组，并将对象的描边设定为 0 磅，其效果如图 3-21 所示（注意：将描边设定为 0 磅与取消边框的颜色图示效果虽然一致，但效果不如将边框设定为 0 效果好）。

35. 将图层 1 锁定，并保存文件，格式为 EPS。此时俏兰花的文件制作完毕。

相关知识点二

一、图层的概念

在图形制作的过程中，特别是包含复杂图形的设计中，需要在一个页面上创建多个对象，由于每个对象的大小不一致，小的对象可能需要隐藏在大的对象下面。这样一来，选择和查看对象就很不方便。使用图层来管理对象，就可以很好地解决这个问题。图层就像一个文件夹，它包含多个对象，用户可以对图层进行多种编辑。从直观的角度来讲，图层更像一本作业本，纸张可以设定为透明也可设定为不透明，并且每个图层还可以再设定自己的子图层，所以如果在制作中运用图层来管理对象，可以帮助用户提高工作效率。

图层窗口的打开：【窗口】→【图层】。快捷键为【F7】。图层的效果如图 3-22 所示。

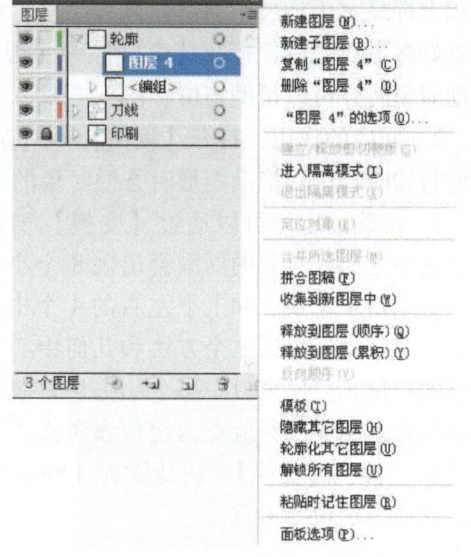

图 3-22 图层面板

1. 新建图层：可以直接点击下部的新建图标，也可以单击图层控制面板右边小黑三角弹出的控制面板菜单上的新建命令。

2. 删除图层：选中要删除的图层，直接点击下部的删除图标，也可以单击图层控制面板右边小黑三角弹出的控制面板菜单上的删除命令。

3. 显示与关闭图层：把图层左边的眼睛点开时，该图层上的对象即可显示，关闭时该图层上的对象即不显示。图层显示蓝色状态时是处于可编辑中。

4. 图层的锁定：单击"图层"控制面板中的图层显示标志右侧的空格，使其出现图层锁定标志即可。当图层处于锁定状态时不能对该图层上的对象进行编辑。

5. 图层的选择：当按住【Shift】键的同时依次单击各图层名称，则可以一次选中相邻的多个图层。如果选中第一个图层，按住【Shift】键的同时再单击最后一个图层，则可同时选中从第一个图层到最后一个图层之间的所有图层；如果按住【Ctrl】键的同时点击图层的名称选择不相邻的图层。在选中图层的状态下，按住【Ctrl】键点击图层可以取消选中状态。

6. 图层的顺序：在默认状态下后建立的图层在前面，先建立的图层在后面。但需要调整图层顺序时可以直接使用鼠标按住所需要调整顺序的图层，拖动到相应的位置，并松开鼠标。当拖动的同时按住【Alt】键时则是在新位置复制了一个同样的图层。

提示：一般辅助线、裁切标记、刀线分开放置于图层上，对复杂版面的制作比较便捷。

二、刀线的概念

印刷过程中，根据纸张和印版的需要，来降低生产的成本，印前制作的过程中会将印品经过拼合成符合印刷要求的大版面，印刷之后经过精确裁切形成单个印刷成品。依据成品要求，需要制作刀模把印刷后的半成品裁切成一定的形状，这个刀模被称为刀版，在原文件中绘制的这些刀模线即为刀线。故而刀线使用专色，目的是不需要印刷出来，需要单独输出制作刀版。

三、对象的准确定位

图形的绘制过程中，常常需要图形对象的精确定位，在 Illustrator 中可以使用标尺，建立参考线、显示网格和坐标定位的方式定位图形对象。

1. 参考线的建立：打开【视图】→【显示标尺】，快捷键为【Ctrl + R】，在窗口的左侧和上部显示了标尺，当鼠标放置于标尺上，点击向下或向右拖动时即可以拉出辅助线。建立好参考线之后，打开【窗口】→【智能参考线】，快捷键为【Ctrl + U】。当使用鼠标拖动对象时，可以帮助定位。

2. 网格的作用：打开【视图】→【显示网格】，在窗口便显示了网格，在视图中网格前打钩时，则在拖动图形时方便对象的定位。

3. 准确的定位可以通过【变换】窗口完成。当对象被选中之后，对象的周围会出现 8 个小方块组成的矩形，分别是 4 个顶点和上下左右的 4 个中点。我们可以在变换窗口中依据这 8 个方块和几何中心共 9 个点进行准确的定位。变换窗口中那个小方块是黑色的便表示以图形对象上相应的对应点为定位参考点。变换窗口的打开【窗口】→【变换】，快捷键为【Shift + F8】。如图 3 - 23 所示。此时便是以对象上的左上顶点为定位参考点。

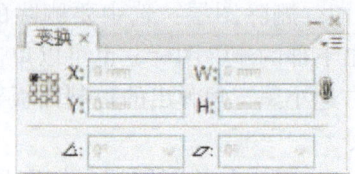

图 3 - 23 变换窗口

四、对象的调和

1. 调和又称混合或融合，是指在两个对象间创建多个对象的颜色和形状的一系列新对象。

2. 混合的规则。

（1）从开口对象到封闭对象混合时，中间对象都是开口的。

（2）参与混合的对象中间有一个无填充时，中间对象无填充。

（3）一个对象为线性渐变，另一个对象为径向渐变，中间对象使用径向渐变填充，颜色逐步从开始对象过渡到结束对象。

（4）一个对象为渐变填充，一个对象为图案填充时，中间对象都是图案填充，但图案的颜色不会变化，仅仅是形状上的变化。

（5）参与混合的对象均是图案填充时，中间对象用最新建立对象的图案，即位于前面对象的图案填充。

（6）一个对象为单色填充，而另一个对象为图案填充时，中间对象为单色填充，且填充颜色不会因为图案颜色的不同而发生变化。

（7）一个对象为单色填充，一个对象为渐变填充时，中间对象用渐变填充，且填充颜色逐步变化到渐变颜色。

（8）专色对象与其他颜色对象混合时，中间对象采用套印色。

（9）同种专色对象混合时，中间对象使用不同浓度的专色填充。

3．混合的参数控制。混合有三种方式，分别是：平滑颜色、指定的步数、指定的距离。混合的参数控制窗口如图3–24所示。

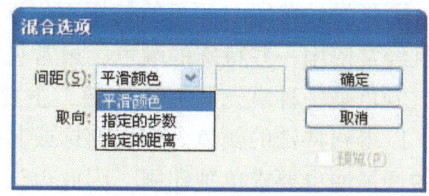

图3–24　混合面板

（1）平滑颜色：Illustrator 能自动计算混合的步数。例如，对象以不同的颜色填充或者没有填充而仅有轮廓线时，则混合时会计算出一个合适的步数以得到平滑颜色的过渡。对象包含相同的颜色时，或对象包含渐变填充图案时，那么混合的步数是根据两个对象限制框边之间的最长距离来设定的。

（2）指定步数：即指定在两个混合的对象中间需要产生新对象的数量。

（3）指定距离：选用该项时在后面的文本框中输入一个数字，用来指定混合产生中间对象的距离。这个指定的距离按照一个对象的某个边界到另一个对象的相应边界来度量。

（4）混合的路径：默认状态下对象的混合是沿着两个对象几何中心的连线进行。

（5）替换混合轴：当指定混合的路径时，关系到对象与路径的取向关系，取向的第一个选项是中间对象与页面对齐，因而总是自立的，即垂直于页面的底边。第二个选项是垂直于路径的，意味着参与混合的对象和中间对象的中轴线与路径的法线一致。操作方法是同时选中混合对象和指定的路径，执行【对象】→【混合】→【替换混合轴】。如图3–25所示。

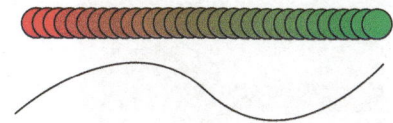 

图3–25　替换混合轴的效果

（6）反向推叠：默认状态下混合新生成的对象顺序是以先建立的对象在前，后建立的对象在后，依次向后建立的对象过渡。当执行反向推叠之后，先建立的对象在最前面，后建立的对象在最后，中间对象依

图3–26　反向推叠后的效果

次过渡。效果如图3–26所示。上面的对象是默认状态下混合的效果，下面的对象是反向推叠后的效果。

五、文字转曲

文字是特殊的图形，其特点是既具有文字的属性又具有图形的属性，并可赋予其各种格式。图形软件的文字是只有内部填充，而没有边框。为了适应图形设计的需要，图形软件一般都提供文字转化为曲线对象的功能。Illustrator 中文字转曲线是在【文字】→【创建轮廓】中执行，快捷键为【Ctrl + Shift + O】。

文字转化的曲线之后便不再具有文字的属性，因此不再具有文字属性的编辑功能，而是只具有图形对象的属性。文字转化曲线可以利用文字的造型创造一定的效果，另一好处就是当到其他设备上输出时，不会因为没有相应的字库不能输出。

六、专色的概念与使用

图形设计阶段对颜色的使用不仅涉及诸如 RGB、CMYK 和 HSB 这些通用的颜色空间，而且经常使用一些特殊的颜色，最常见的便是专色的定义和使用。

专色是一种事先调和的油墨，主要用于代替套印色或者在四色套印的基础上增加色版，以得到特殊的颜色。例如商标或其他专用标记的印刷就需要用专色来保证。由于印刷时的调墨油也要求单独印刷，因此也认为是一种专色。刀线采用专色制作也是为单独输出而定。

1. 使用预定义的专色。图形应用软件通常为某种色标系统提供了预定义的专色，其中使用最为普遍的是 PANTONE 专色系统。在这一专色系统中，每一种专色都包含预先规定的颜色成分，通常采用 C、M、Y、K 四种油墨的组成成分来表示。使用预定义的专色时，在打开标准的色标系统列表即调色板中进行选择。

2. 自定义专色。

打开颜色窗口，点击窗口后面的小黑三角，在弹出的菜单中选择创建新色板，则弹出新建色板的对话框。在颜色类型中选择专色，在色板名称中可自定义颜色的名称。当自定义结束后，该专色便存放于色板中，专色的定义如图 3 – 27 所示。

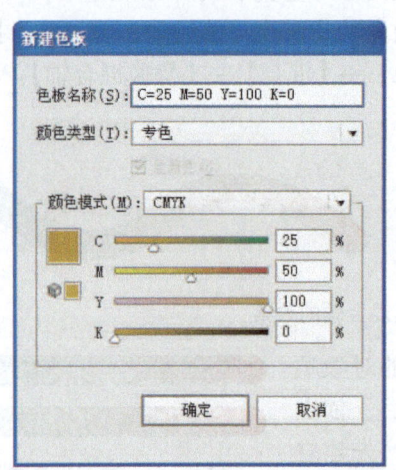 

图 3 – 27　专色创建窗口与专色的标志

七、游离点的概念

游离点是指不在路径上的单个锚点，在图形的绘制、修改、逻辑运算中常常会产生这样的锚点，它不容易被察觉，但在路径链接时常常会因游离点的存在而不能连接，所以要特别注意这些点的存在，进行必要的删除处理。

八、路径偏移

路径偏移是图形制作中经常使用的绘制方式，是指离开原路径一定的距离，再生成的新路径。这种方式生成的路径与原路径的距离每个部位都是相同的，对于正方形和圆而言似乎差别不大，但对于不规则的图形而言，差别明显。打开路径偏移的对话框是在【对象】→【路径】→【路径偏移】。位移的对话框中正值表示向外偏移，负值表示向内偏移。连接是指路径连接的方式。路径偏移的窗口如图3-28所示。

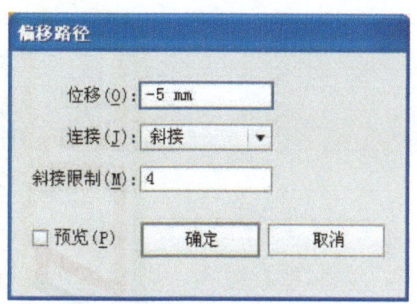

图3-28　路径偏移

技能训练

1. 笔筒的绘制。笔筒如图3-29所示。

图3-29　笔筒

提示：笔筒蝴蝶结无须单独绘制，在执行图形对象的绕转时，增加贴图效果即可。贴图窗口如图3-30所示。题图可以选择贴图在哪一面，并且可以点击贴图指定其放置的位置。

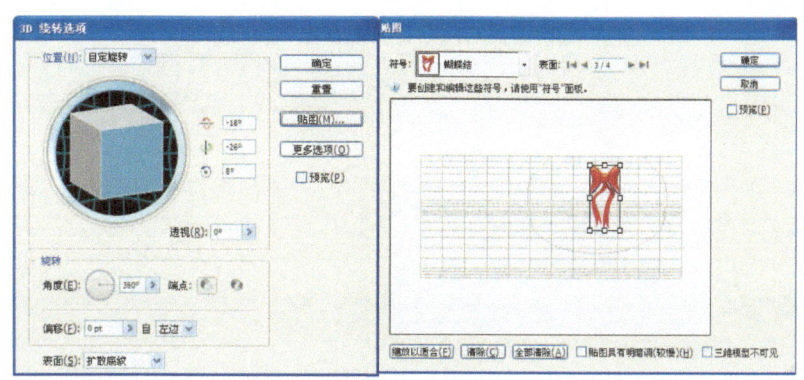

图3-30　贴图窗口

2. 对象混合的具体应用:"印品"制作。效果如图3-31所示。

图3-31　对象混合的应用

要求:"印品"文字的笔画宽度为6mm。

提示:输入相应的文字并选择合适的字体,而后将文字转化为曲线;并释放复合路径;文字的笔画需要6磅的宽度,文字笔画本身是无法进行渐变填充,如果一笔一画地填充也达不到这样的效果,从整体效果分析,可以看到每一笔画是从绿色到黄色又到红色的渐变,那么可以考虑是在笔画上面穿了一件"衣服",这种装饰是从绿色到黄色又到红色的渐变,笔画的粗细为6磅,笔画的起始部位与结束部位为圆形,可以考虑是红色的圆形到黄色圆形再到绿色圆形的调和,将其调和应用替换混合轴之后的效果。

在进行混合轴替换封闭路径时常常有一段是空白,产生这种情况的主要原因是没有给混合轴一个开始部位,需要在相应的部位将混合轴使用剪刀工具将路径剪开,然后再替换即可。路径是否剪开,前后的效果对比如图3-32所示。

图3-32　左图路径未间断,右图在左下角将路径剪开

项目四 图形的填充

教学目标

(1) 熟练掌握对象的填充,包括标准填充和渐变填充。
(2) 熟练掌握画笔工具的使用和画笔库固有画笔类型的分类使用。
(3) 熟练使用对象的变形工具。
(4) 结合菜单中的变形命令,为对象施加变形。

能力目标

(1) 依据要求,能够正确分析对象,并独立制作完成。
(2) 能够依据样图,正确分析颜色,并正确使用颜色配比。
(3) 直线渐变填充和径向渐变填充的编辑和修改,能够绘制出各种形式的渐变填充。
(4) 利用变形工具为对象施加变形。

知识目标

(1) 正确分析颜色的比例,为对象施加正确的颜色填充。
(2) 径向渐变填充和直线渐变填充的修改和编辑。
(3) 掌握渐变填充工具对渐变填充进行修改,产生各种式样的填充。
(4) 掌握变形工具的共性和个性。

任务一　CS6 的制作

制作要求：

1. 制作 105mm×85mm 图形，背景框宽度为 2mm，边线填充 K70%，底色填充 Y40%。

2. 花边的中心线尺寸是 90mm×70mm，描边样式按样图，颜色为 C25、M40、Y65。

3. 文字"Adobe Illustrator CS6"按样如图 4-1 所示制作，填充效果按样图，大小适中，添加阴影效果。

4. 制作立体五角星，形状颜色按样如图 4-1 所示。

5. 存储为"4.1.eps"。

图 4-1　CS6 样图

制作步骤：

制作前的分析。根据题目要求，边框是 2mm，这个既可以用边框 2mm 来制作，也可以认为是内部填充，也就是说做一个"回"字形，内部为 2mm 的宽度；内部的边框应该不是基本图形单元，而是矩形和圆形经过逻辑运算得来。"CS6"文字有金属的感觉，并且分为两层，两层之间的距离是相等的，所以应该是路径偏移得来的结果。"Adobe Illustrator"文字是弧形的，可以是文字沿着路径排列，也可以通过变形得来。其内部填充是一条一条，那么也就是说不是一次性填充，但比较复杂，是否可以通过蒙版来解决，这样会更方便些。

1. 新建 Illustrator CS5 文件并命名为"CS6"，画板数量为 1 个，文档的设置大小为 105mm×85mm，颜色模式为 CMYK，分辨率为 300dpi。

2. 打开【视图】→【标尺】，在显现标尺的情况下，将鼠标放置于标尺的交叉口，点击拖动鼠标在窗口的左上角释放鼠标，其实窗口的左上角即为坐标的 0 点。向右和向下为正方向，并打开智能参考线。

3. 选择矩形工具绘制一个大小为 105mm×85mm 的矩形。并以其左上锚点作为定位参考点,将其定位在 X0mm,Y0mm 处。并执行复制。

4. 执行【对象】→【路径偏移】,向内偏移 2mm,即在偏移数值中输入"-2",而后点击【确定】。

5. 选择步骤 3 和步骤 4 中的矩形,按住【Alt】键执行路径查找器中排除重叠形状。形成如图 4-2 所示的图形。

图 4-2 边框的形状

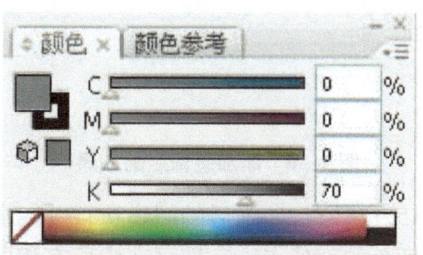

图 4-3 标准填充窗口

6. 对步骤 5 中生成的对象执行标准填充 K70%。填充对话框如图 4-3 所示。

7. 选择步骤 6 中的对象,将其边框设定为 0mm。

8. 执行粘贴命令,将刚才复制的对象粘贴于窗口,并对其执行标准填充,颜色为 Y40%,并将其边框设定为 0 磅。

9. 将步骤 8 中的对象以其左上点为定位参考点将其定位于 X0mm,Y0mm 处。执行【对象】→【排列】→【顺序】→【置于底层】,并和前面的对象执行编组命令。

10. 在窗口的外部,选择矩形工具绘制一个 90mm×70mm 的矩形(内部无填充)。

11. 选择椭圆工具绘制一个直径为 30mm 的正圆。并按住【Alt】键直接复制 3 个同样大小的正圆(内部无填充)。

12. 用选择工具选择其中一个正圆,拖动正圆靠近矩形的顶点位置,但出现矩形顶点和正圆的圆心重合时释放正圆,以同样的方式将其他三个正圆放置于其他三个顶点上,其结果如图 4-4 所示。

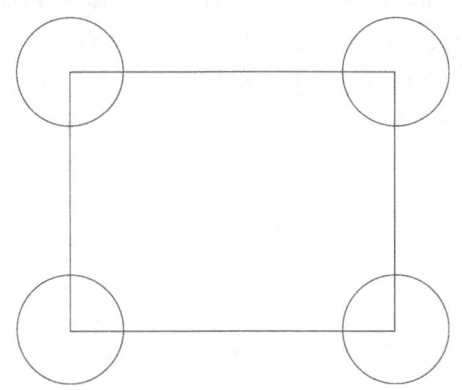

图 4-4 逻辑运算前的效果

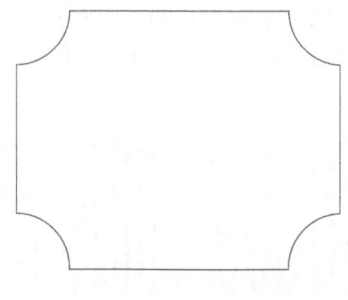

图 4-5 逻辑运算后的效果

13. 选中步骤 12 中的所有对象,执行路径查找器中的与形状区域相减,经过逻辑运算后生成结果如图 4-5 所示。

14. 对逻辑运算后的对象将其路径修改为 0.5 磅，并执行【窗口】→【画笔库】→【边框】→【装饰】→选择里面的凯尔特式边框。结果如图 4-6 所示。

图 4-6 添加装饰后的效果

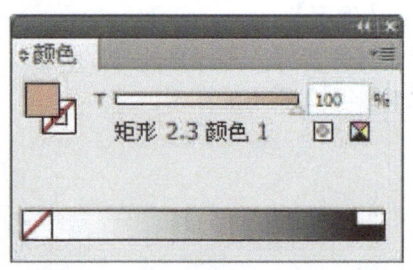

图 4-7 默认装饰的填充

15. 将添加装饰后的图形执行【对象】→【扩展外观】，并使用魔术棒工具在图 4-6 中有颜色的部位点击，即可选中所有相同的填色。此时发现内部的填色为专色，在颜色窗口可以看到下面的结果，如图 4-7 所示。

16. 双击图 4-7 中的专色图标，将其转变为印刷色，并将其内部填充颜色修改为 C25、M40、Y65。并群组修改填色后的对象。

17. 将步骤 16 中的对象以其几何中心作为定位参考点，将其定位在 X52.5mm，Y42.5mm 处。

18. 选择矩形网格工具，按住【Alt】键在窗口中点击，在弹出的对话框中输入横向网格为 5，纵向网格为 0，而后确定。

19. 对绘制的网格对象执行路径查找器中的分割命令，而后取消编组，此时网格便不再是一个统一的对象，而是一条成为一个对象。对每一条对象分别填充样图所给的颜色。而后再次编组对象（颜色没有具体的百分比，只能依据色彩观察判断）。效果如图 4-8 所示。

图 4-8 矩形网格填充

20. 选择横向排列的艺术文本工具，输入"Adobe Illustrator"并且选择字体为 Arial。将字体调整到合适的大小（由于没有具体要求，所以是看着图片制作，需要自己判定）。

21. 把文字放置在矩形网格的上面，调整网格的大小与文字大小相同，同时选择文字和矩形网格，执行【对象】→【剪切蒙版】→【建立】，或者执行右键功能。前后效果如图 4-9 所示。

图 4-9 建立蒙版前后的效果

22. 对建立蒙版后的对象执行【效果】→【变形】→【弧形】，变形窗口与数值如图 4-10 所示，弯曲程度的文本框中输入 50%，其他不需要输入，即默认为 0，文字执行变形后的效果如图 4-11 所示，而后对其执行【对象】→【扩展】命令。并将其定位在如

图 4 - 11 所示的位置。

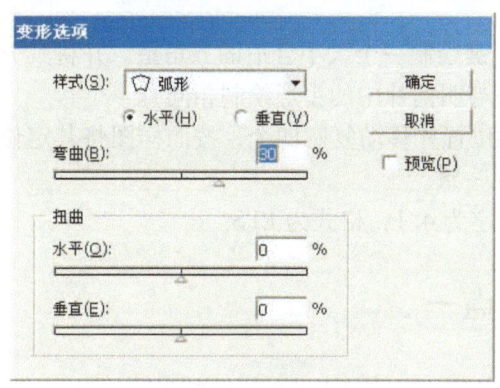

图 4 - 10　弧形变形对话框　　　　　　　图 4 - 11　文字变形效果

23. 选择艺术文本工具输入"CS6",CS 大写,字体为 Arial 字体,并且是粗体,调整字体到合适的大小。而后将其转化为曲线。

24. 对转化为曲线的文字执行【对象】→【路径】→【偏移路径】,偏移量为 3mm(这个数值可以根据需要确定)而后执行取消编组。

25. 对取消编组后的对象,选中偏移扩大的一组 CS6,对其执行渐变填充,渐变填充的位置和颜色如图 4 - 12 所示。

26. 渐变填充的类型是线性角度为 45°,彩色条状矩形下方的代表是填充的颜色,上面的菱形代表两个颜色之间从何处位置开始渐变,本题都是从 50% 的部位,即两个颜色的中间开始;在横条下面的代表有从第一种颜色到最后一种颜色共有多少颜色发生渐变,其位置分别处于 0 点、25%、50%、75%、100% 处。从左至右颜色分别是:M90%、Y65%、K15%;M45%、Y90%;Y60%;M45%、Y90%;M90%、Y65%、K15%。填充后的效果如图 4 - 13 所示。

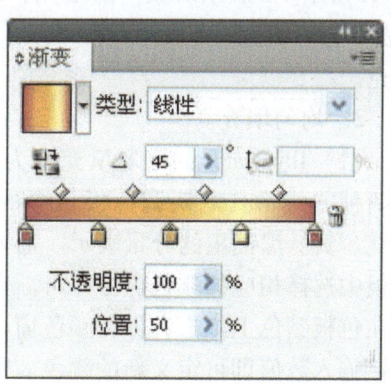

图 4 - 12　渐变填充对话框

27. 选择前面路径偏移的原对象 CS6,对其进行渐变填充,依然是 5 种颜色的渐变,渐变的角度为 90°,位置同步骤 26 中的对象,每种渐变也是从两种颜色的中间开始。颜色分别是:M80%、Y65%;M45%、Y90%;M10%、Y75%;M45%、Y90%;M80%、Y65%。添加 0.5 磅的边框,边框颜色为白色,编组后与后面的 CS6 执行中心对齐。效果如图 4 - 14 所示。

图 4 - 13　CS6 偏移路径扩大后的填充效果　　　图 4 - 14　完整的 CS6 的效果

28. 将"CS6"的完整效果以其中心点作为定位参考点，将其定位在 X52.5mm，Y42.5mm 处。

29. 选择星形工具绘制。按住【Shift + Alt】键绘制一个大小合适的五角星。并将其分割填充两种不同的颜色，以形成立体效果（方法与明信片中的星形绘制相同）。

30. 绘制好一个星形之后将其定位在合适的位置并移动复制四个，按照样图将其定位在 CS6 的下方，其几何中心在垂直方向上与 CS6 一致。

31. 将所有的对象编组，保存文件，文件名字为 4.1，格式为 EPS。

相关知识点一

一、对象的填充

对象的基本属性包含几何属性和非几何属性，对象的表示方法有参数法和点阵法，那么填充也分为边框的填充和内部填充。依据填充的方式又可以分为均匀填充、渐变填充和图案填充，与参数法和点阵法相对应。

1. 填充操作的工具。填充工具位于工具箱的底部，如图 4-15 所示。1 表示对象内部填充；2 表示交换内部和外部填充；3 表示边框填充；4 表示均匀填充；5 表示渐变填充；6 表示无填充。

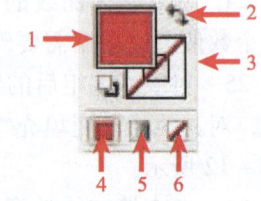

图 4-15 填充工具

2. 均匀填充。

（1）Illustrator 的均匀填充分为默认调色板填充和自定义填充两种方式。其默认调色板包含的颜色比较少，均是采用青、品红、黄、黑油墨的分量表示。需要以默认调色板颜色为填色内容时，直接打开色板，在色板中选择相应的颜色点击即可。当需要以默认调色板上的颜色为基础自定义颜色时，可以在色板颜色上双击，那么颜色窗口中便会显示其颜色的组成，拖动颜色窗口的滑块或者直接输入数值即可定义新的颜色。默认调色板的打开方式是【窗口】→【色板】，色板的窗口如图 4-16 所示。色板中的第一个方块中有根斜线表示无填充，第二个表示是套印色。

（2）自定义颜色时需要打开【窗口】→【颜色】，在颜色窗口中相应的文本框中直接输入数值，或者滑动相应的滑块，或者双击工具箱下部的颜色填充标志工具，在弹出的拾色器中输入相应的数值。颜色窗口中色块在前时表示对内部进行填充，"回"字形在前时表示对边框进行填充。拾色器窗口如图 4-17 所示。

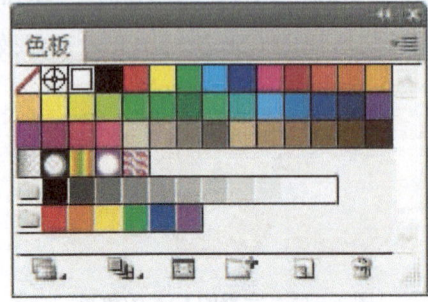

图 4-16 颜色色板窗口

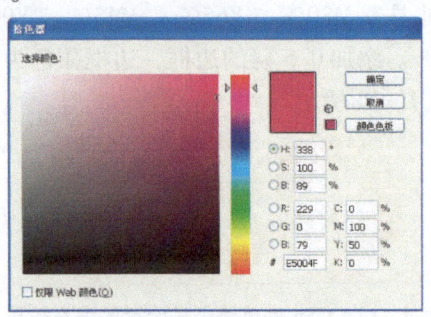

图 4-17 拾色器对话框

3. 渐变填充。分为线性渐变填充和径向渐变填充。

（1）使用调色板上的默认渐变填充。在调色板上提供了3个渐变色块。如图4-16所示。在对象选中的状态下，直接点击调色板上的渐变填充默认形式即可使用。

（2）自定义渐变填充。打开【窗口】→【渐变填充】的窗口，如图4-12所示，点击直平衡式滑条状下面的笔头状的图标，而后可以到颜色窗口中设定其渐变的颜色（在定义前需要先点击颜色窗口右边的小黑三角，来选定颜色空间）。在角度文本框中可以设定直线渐变时渐变颜色的角度；在径向渐变填充时是指渐变发射方向与水平方向的角度，长宽比对话框是指径向渐变时长度与宽度方向的比例。位置即制定多个颜色渐变时，每个颜色对应的位置，也可指两个颜色渐变位置的开始，下面以为正圆执行渐变填充方向与长宽比不同来填充，以显示填充效果的不同。长宽比为100%，后者为50%。角度为45°，渐变都是从黄色到红色来设置，效果如图4-18所示。

（3）渐变填充的修改。除了在渐变窗口面板上改变渐变填充之外，还可以利用渐变填充工具，填充工具如图4-18所示。只要对象被赋予了渐变填充，则工具箱中的渐变填充工具就开始生效。窗口面板只提供了渐变填充所需要的基本参数，例如渐变类型、开始的颜色、结束颜色以及渐变中间颜色偏离理论中间点的位置等，而渐变的开始位置、结束位置以及渐

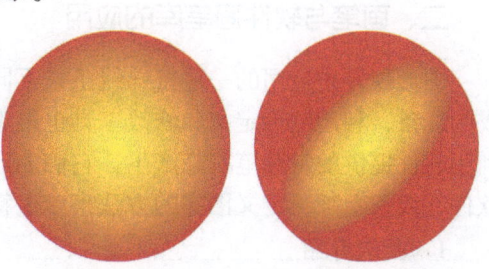

图4-18 填充不同角度与长宽比比对效果

变的方向则需要利用渐变填充工具来规定。为此可选用工具箱中的渐变填充工具，从渐变开始位置沿着需要的方向拖动鼠标到渐变结束位置，以定义出不同的渐变。如图4-19利用渐变色板中提供的3种渐变填充之一的线性渐变填充为矩形填充，同时直接复制一个对象，而后使用渐变填充工具进行如图4-19所示的修改后复制的一个对象，修改后的效果对比如图4-20所示。

图4-19 填充修改工具

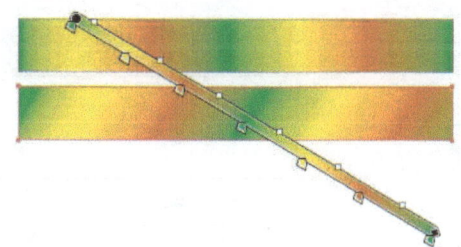

图4-20 修改前后对比

（4）多重对象上加渐变填充。①使用椭圆工具和矩形工具绘制一个基本对象；②再利用旋转复制直接复制三个对象；③对每一个对象均采用相同的调色板中提供的渐变填充，只是改成径向的形式；④用选择工具选中四个对象；⑤用渐变填充工具从四个对象的复合几何中心出发沿着45°方向拖动鼠标同时按住【Shift+Alt】键，则原来径向填充被统一赋予了这四个对象。效果的前后比照如图4-21所示。

45

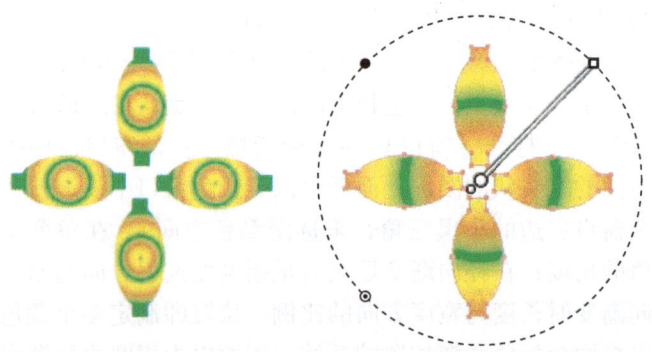

图4-21　多重对象统一赋值效果

二、画笔与软件画笔库的应用

图形软件中应用的一些特殊线条是不同于实线、虚线、点画线等这些按照一定规则组成的线条，利用图形定义和修改工具也很难得到。因此在图形应用软件中，特殊线条需要利用软件提供的特殊笔刷来产生，它们的形状、颜色和线宽变化等是预先定义好的。此外软件在线条上加预定义图案的方法来产生特殊类型线条。

1. 画笔介绍

Illustrator默认的特殊笔刷在笔刷面板窗口中提供，包括书法笔刷、弥散笔刷、艺术笔刷和图案笔刷。利用此笔刷可以把不同的艺术效果加到当前选择的路径上。

2. 画笔特点

书法笔刷是指利用改变笔头形状的方法来模拟笔画的效果；弥散笔刷其特点是，描绘路径时由软件预定义的图形将沿路径随机出现，且大小形状的分布距离也随机变化；艺术笔刷是描绘整条路径时将采用同一预定义的图形；图案笔刷是在描绘路径时将预定义的图案沿着路径有规律地排列。画笔在窗口画笔板中的各个窗口中显示如图4-22所示。

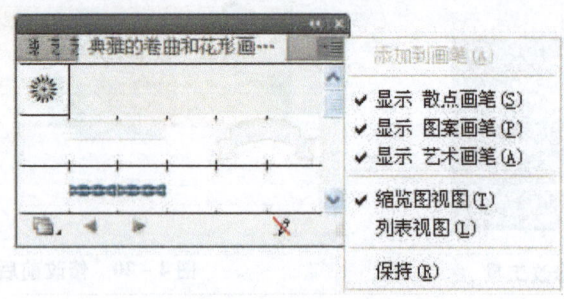

图4-22　画笔窗口

3. 画笔库应用

打开【窗口】→【画笔库】就可以找到相应的画笔。书法画笔直接在工具箱中选择画笔，而后选择画笔的笔头形状，就可以直接绘制。其他画笔是可以先绘制好路径，从窗口中直接点击自己所需要的画笔形状即可，或者直接拖动出来自己所需要的比如分隔符之类。图4-23是绘制的几种不同的画笔。

图 4-23　从左至右分别是书法、弥散、艺术和图案画笔

4. 自定义画笔

自定义画笔即是自己绘制所需要的图案形状，而后以自己定义的图案作为以后应用的新画笔。方法是先绘制需要定义的图案，而后打开【窗口】→【画笔】，点击画笔窗口右上角的小黑三角，点击新建画笔，在画笔中选择自己需要建立的画笔。例如先用椭圆工具自定义一个图形如图 4-24 所示，在选中的状态下点击打开画笔窗口。而后点击画笔窗口右边的小黑三角，在菜单中选择新建画笔，在弹出的窗口中选择需要建立的画笔，而后直接拖入到相应的窗口中，则该画笔就被定义到画笔之中。如图 4-25 所示。

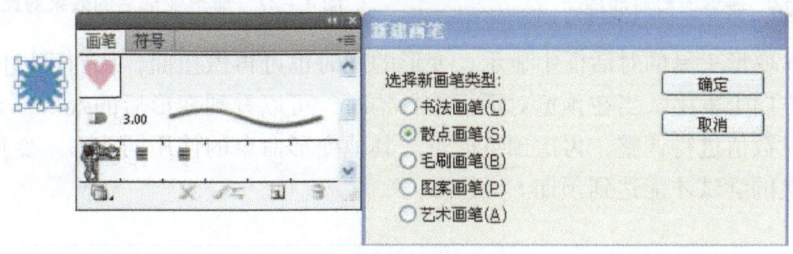

图 4-24　新建画笔

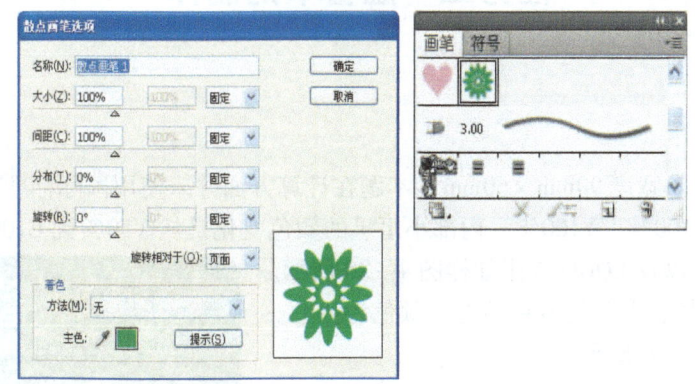

图 4-25　完成画笔定义制作

三、对象的变形

Illustrator 软件的效果菜单下面提供了一组变形命令，包括弧形、上弧形、下弧形、拱形、凸出、凹壳、凸壳、旗形、波形、鱼形、上升、鱼眼、膨胀、挤压和扭转。通过这组命令可在绘图时变化成我们日常所熟悉的形状。使用方式是打开【效果】→【变形】，选择所需要的变形命令，便弹开了相应的变化窗口，在窗口中输入相应的数值，便可以执行变形。下面以绘制一面随风飘动的红旗来说明变形的使用。

例 1. 选择矩形工具绘制一大小合适的长方形，内部填充红色，边框为 0 磅；而后使用星形工具按【Shift + Alt】键绘制一个正五角星，调整其到合适的大小，内部填充黄色，边框为0磅,同时再直接缩放复制4个并按照国旗的形状排列好,放置于国旗合适的位置之上,编组矩形和五角星之后,打开【效果】→【变形】→【旗形】,所输入数值如图4-26所示。而后国旗的形状便发生了如图4-27所示的变形。

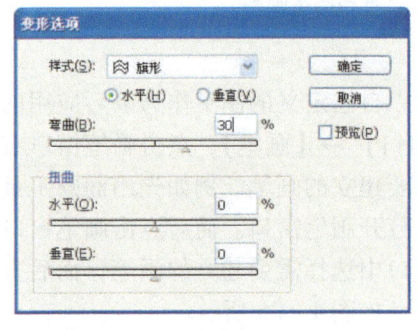

图4-26 旗形变形对话框

图4-27 旗形变形后的效果对比

图4-26变形工具的对话框中显示,变形的同时也可再做扭曲,扭曲可以同时在水平和垂直两个方向上发生。当在预览对话框中打钩时,可以看到变形后的效果,如果觉得不合适,可以对数值进行调整,再次预览即可。其他变形命令的使用同旗形。变形的效果可能要经过多次的尝试才能达到预期。

任务二 温馨卡的制作

制作要求:
1. 卡片的大小宽度90mm×60mm(本题在计算方面并未使用国际标准磁卡的尺寸)。
2. 底色为C100%、Y100%,内部小星星的颜色变化是从Y50%到C100%、Y100%。
3. 填充效果以及LOGO效果如样图4-28所示。
4. "梦幻剧场金卡"为专色填充,颜色为金色。
5. 存储为"4.2.EPS"。

制作步骤:

制作前的分析。从图4-28来看,本题卡片上的小星星是非常有规律地分布在版面上,从最左边来看好像也有星星的边界,且在水平方向和垂直方向间距是固定的,类似于花布面上的四方连续排列,

图4-28 温馨卡样图

怎么样才能做到这一点呢,调和可以,但从另外一个角度上来说,我们是不是也可以把星星和它周围的一块底色作为一个基本的单位,使其一个个排列在版面上呢,我们可以基于此思考制作。再次是LOGO,很明显地它是由椭圆作为基本变换而得来,并且分为三层,一层比较小的花瓣,一层比较大的花瓣,还有一层似乎是在最后面且带有一定的花纹。其他制作还是比较方便的,我们依照此思路开始制作吧。

1. 新建Illustrator CS5文件并命名为"温馨卡",画板数量为1个,文档的设置大小为

A4 版面，颜色模式为 CMYK，分辨率为 300dpi。

2. 选择圆角矩形工具并按住【Alt】键在窗口中点击，在弹出的对话框中输入宽度 90mm，高度 60mm，圆角半径为 5mm，点击确定。

3. 选择矩形工具绘制一个大小为 12mm × 12mm，边框为 0 磅，内部填充 C100%、Y100%。

4. 选择椭圆工具并按住【Alt】键在窗口中点击，在弹出的对话框中输入宽度和高度都为 6mm，并执行径向渐变填充，内部颜色为 Y50%，外部为 C100%、Y100%。边框为 0 磅。

5. 执行【效果】→【扭曲与变换】→【收缩与膨胀】，在弹出的对话框中输入 "-100"，在预览前面打钩可看到变形的效果，收缩与膨胀的对话框如图 4-29 所示，圆变形前后的效果如图 4-30 所示。

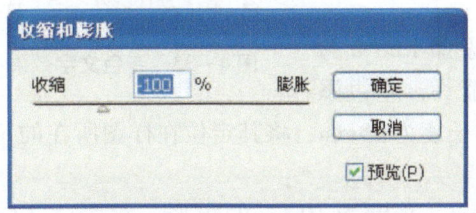

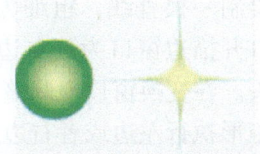

图 4-29 收缩与膨胀对话框　　　　图 4-30 圆变形的效果

6. 将变形后的圆执行【对象】→【扩展外观】，而后将其与步骤 3 中绘制的矩形执行中心对齐，并编组。在色板打开的状态下（如果没有打开可以执行【窗口】→【色板】，打开色板窗口），直接将其拖入到色板图案窗口之中，可以看到色板中具有了刚才绘制的对象。前后色板对照如图 4-31 所示。

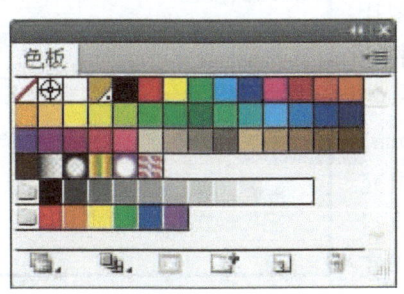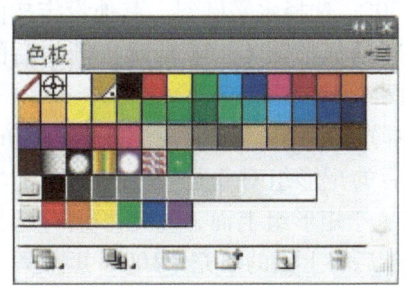

图 4-31 色板前后对比图

7. 打开【视图】→【标尺】→【显示标尺】，在标尺的交叉处点击鼠标，并按住不放，将其拖动到步骤 2 中圆角矩形的左上角释放鼠标，此点即为坐标原点（坐标原点不同，填充的效果不同）。

8. 选中步骤 2 绘制的圆角矩形，在色板中点击刚刚拖入到色板中的图形，此时色板中的对象便作为填充单元，填充到圆角矩形之中。效果如图 4-32 所示。

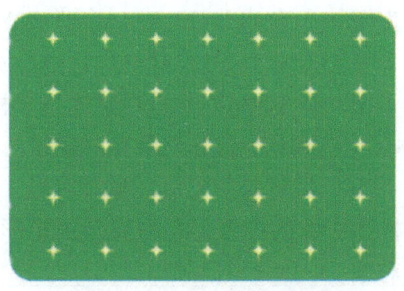

图 4-32 圆角矩形的填充效果

9. 选择文字工具输入"梦幻剧场金卡",字体为楷体,大小为18磅。而后执行文字转化为曲线(快捷键【Ctrl + Shift + O】),转化为曲线的文字看起来笔画还是比较纤细,为加粗其笔画,执行【对象】→【路径】→【偏移路径】,偏移量为0.5mm。

10. 执行路径偏移后虽然看不清楚文字有两层,但实际上是上面有一层小的文字,后面一层粗一些的文字。为此执行取消编组(快捷键为【Ctrl + Shift + G】),而后执行路径查找器中与对象形状相加即联集命令。

11. 对文字执行专色填充,专色为金色,为表示其效果我们自定义专色,选择颜色窗口中后面的小黑三角,点击新建颜色,在弹出的对话框中名字文本框中输入"金色",下面的文本框中选择"专色",在下面的颜色对话框中分别输入C25%、M50%、Y100%。那么新建的颜色即为专色,并存入到色板中,文字的效果如图4-33所示。

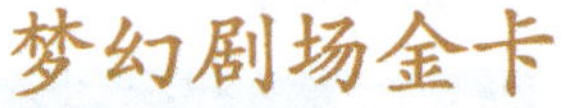

12. 将文字放置于上面两排星星的中间位置,并与星星基本上左对齐,并和圆角矩形执行编组。

13. 绘制一根直线,粗细为1磅,为其添加K60%的填充,并打开描边窗口为其右边添加花状的箭头,左边添加手型箭头。在变换窗口中调整直线与箭头的长度为90mm,将其定位在样图所在的位置,并与圆角矩形执行左边或者右边对齐。

梦幻剧场金卡

图4-33 专色文字效果

14. 选择矩形工具,绘制一个宽度为5mm,高度为10mm的矩形,并按住【Ctrl + Shift + M】,在弹出的移动对话框中水平方向输入5mm,垂直方向为0mm,点击确定,而后再按【Ctrl + D】一次,共有3个矩形,分别填充Y100%、M100%;C100%;C100%、M100%。

15. 选中3个矩形并编组,而后选择工具窗口中的倾斜工具,并双击倾斜工具,在弹出的对话框中输入30°,选择水平倾斜,其他设定按图片所示,倾斜对话框如图4-34所示。倾斜后的矩形组效果如图4-35所示。

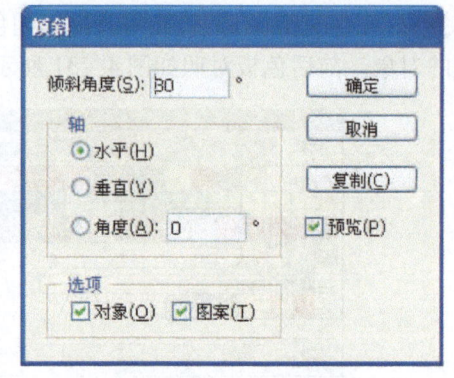

16. 选择矩形工具,绘制一个高度为10mm,宽度与倾斜后的矩形组对象宽度一样,内部填充M100%,放置于矩形组上面,与矩形组一起执行中心对齐,最后将上面的填充M100%矩形置于底层,并和倾斜后的矩形组编组。

17. 选择文字工具,输入"温馨"二字,字体为楷体,大小为20磅,并填充Y100%。将这两个字与步骤16中的对象执行中心对齐并编组。

图4-34 倾斜对话框

图4-35 矩形组倾斜效果

18. 将步骤17中的对象放置于样图所示的位置中。并群组绘制好的所有对象。

19. 选择文字工具,输入卡号,字体为Arial,字体为黑色,大小为18磅,将其放置于样图所处的位置,左右离圆角矩形边框的距离一致,即处于水平中心位置,再次编组所有对象。

20. 选择椭圆工具,绘制一个宽度为18mm,高度为25mm的椭圆。接下来使用锚点转换工具在顶端的锚点点击一下，使该点变成尖突的锚点。

21. 为该椭圆执行线性渐变角度为 90°，渐变中心即为该对象的几何中心，下部为白色，上部为 M100%。其效果如图 4-36 所示的效果，边框为 0 磅。

22. 选择旋转工具，按住【Alt】键在步骤 21 中椭圆下部的锚点点击，在弹出的对话框输入 45°，而后点击复制，最后按【Ctrl+D】6 次，形成如图 4-37 所示的效果。

图 4-36　椭圆的变形与填充

23. 将椭圆旋转复制组按住【Alt】键直接复制 3 个，放置于一边。选择其中一个执行路径查找器中的排除重叠形状，效果如图 4-38 所示。

图 4-37　椭圆旋转复制的效果　　图 4-38　椭圆组执行差集的效果　　图 4-39　逻辑运算后的两个椭圆组

24. 再次选择一个椭圆组，并将其适当缩小，如样图中 logo 所示的比例情况，然后再次执行路径查找器中的排除重叠形状，将其渐变的角度修改为 -90°。

25. 将步骤 23 和 24 形成的对象执行中心对齐并编组，注意先后的顺序，形成如图 4-39 所示的效果。

26. 再次选择直接复制的剩余两个椭圆组，分别执行路径查找器中联集即与对象形状相加的命令，而后其中一个对象直接填充 M100% 的颜色，而另一个则取消填充，为能看清楚期间无填充的对象添加 1 磅的边框，则由原来对象生成的如图 4-40 所示的效果。

图 4-40　联集后的效果

27. 选择椭圆工具，绘制一个直径为 20mm 的正圆。内部无填充。对其执行【效果】→【扭曲与变换】→【波纹效果】。在弹出的对话框中输入数值如图 4-41 所示的对话框所示。

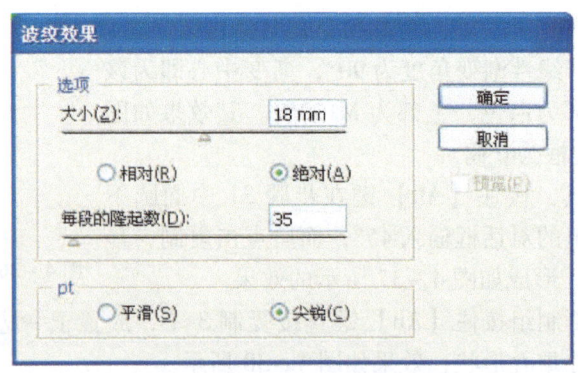

图 4-41 波纹效果对话框

28. 点击确定之后原来的圆变成如图 4-42 所示的效果。

29. 再次对图 4-42 对象使用波纹效果，大小文本框中输入 0.5，段数输入 24，则效果如图 4-43 所示，并执行【对象】→【扩展】。

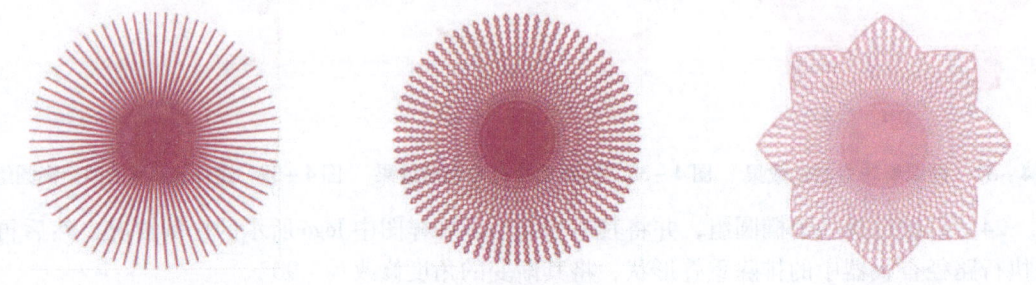

图 4-42 第一次波纹效果之后　　图 4-43 第二次波纹效果之后　　图 4-44 建立蒙版后的效果

30. 对第二次波纹效果之后的对象填充白色，并和图 4-40 中无填充的对象，即中间的那个对象执行中心对齐，将第二次波纹效果后的对象置于底层，建立剪切蒙版。将其不透明度修改为 60%。效果如图 4-44 所示。

31. 将步骤 30 所生成的对象与图 4-44 中填充 M100% 的对象执行中心对齐，填充 M100% 的对象位于下面，则呈现如图 4-45 所示的效果，将图 4-45 对象编组，并取消边框。

32. 将图 4-39 置于顶层，与图 4-45 执行中心对齐，并编组。将其大小调整至宽度 9mm，高度为 9mm。如图 4-46 所示。则 LOGO 制作完成。并将其放置于样图所处的位置。编组所有的对象之后该温馨卡基本就制作完毕。保存文件，名称为"4.2.eps"。

图 4-45 对齐填充 M100% 的效果　　　　　图 4-46　logo

相关知识点二

一、对象的变形

1. Illustrator 软件提供了一组变形工具，可以对矢量图形执行变形，现以案例的形式说明变形工具的使用。首先我们先认识变形工具组，并了解其名称。如图4－47所示。从左向右依次是度量工具、变形工具、旋转扭曲工具、缩拢工具、膨胀工具、扇贝工具、晶格工具、褶皱工具。下面以案例的形式说明变形工具的使用。

图4－47　变形工具

例1. 首先使用钢笔工具分别绘制如下形状的三根曲线，而后执行步数混合，再后使用变形工具在混合后的对象上进行推拉，效果如图4－48所示。具有风吹动的效果。

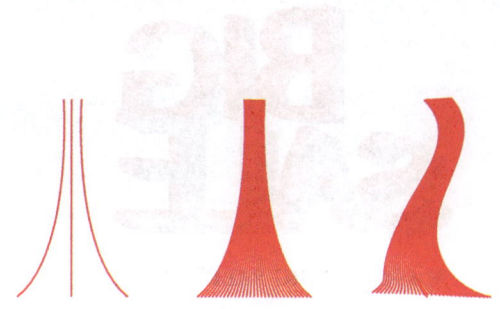

图4－48　变形工具的效果

图4－49　扭曲变形工具的效果

例2. 使用圆角矩形工具绘制一个垂直的细长矩形，为了效果对比，直接复制一个放置于其右边，选择扭曲变形工具在其复制对象的顶部点击并按住鼠标一会，会看到对象的顶部出现一圈又一圈的形状。效果如图4－49所示。

综上所述，变形工具的使用即是绘制好对象之后（文字对象需要转化为曲线），选择相应的变形工具直接在对象合适的部位点击即可，点击的时间越长变形越大。当双击变形工具时会弹出变形工具的对话框如图4－50所示。其宽度与高度定义了画笔的大小，强度定义了画笔使用时的力度大小。

2. 变形命令：除 Illustrator 软件提供了一组变形工具之外，配合变形工具的使用也提供了一组变形命令，位于效果菜单下的扭曲和变换命令。包括如下变换命令：变换、扭拧、扭转、收缩和膨胀、波纹效果、粗糙化、自由扭曲。每种命令都有自己的对话框，可在对话框中输入数字，或者鼠标的拖动来生成其效果。以自由扭曲的对话框来说明使用方法。

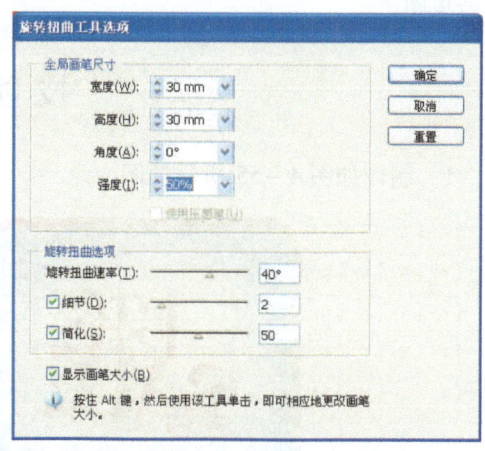

图4－50　画笔工具的大小控制

例 3　制作有倾斜效果的"BIG SALE"。

①在窗口中输入 BIG，字体为 Arail Narrow，字号为 200 磅。填充颜色为 Y100%、M100%、C50%。

②打开【效果】→【扭曲和变换】→【自由变形】，在弹出的对话框中将右上角向下拉一段，然后点击确定，BIG 的效果如图 4-51 所示。

图 4-51　右边变小的效果

图 4-52　复制排列 BIG 位置图

③直接复制一个变形后的"BIG"放置于原来 BIG 的右前方，位置如图 4-52 所示，颜色填充为 Y100%、M100%。

④选择调和工具执行步数调和，步数为 40 步，则形成如图 4-53 所示的效果。

图 4-53　调和后的效果图　　　　图 4-54　"BIG SALE"效果图

⑤使用文字工具输入"SALE"，在打开的自由变换对话框中，将其左上角向下拉动，颜色填充同"BIG"后面的一层。直接复制一个变形后的"SALE"，将其置于左前方，也同样执行调和 40 步。

⑥将调和后的"BIG"与"SALE"放置如下，尽量右边对齐，其形成如图 4-54 所示的效果图。

技能训练

1. 制作如图 4-55 所示的图。

图 4-55　"BIG SALE"不同转向的效果图

提示：前后不同转向主要是因为前面一层内部填充文字的对象是和哪个对象对齐，即调和对象的两个原对象中，是前面的还是后面的，会产生的效果不同。

2. 制作如图 4 – 56 所示的图形。

图 4 – 56　登高大赛

3. 制作如图 4 – 57 所示的图形。盒子净尺寸长宽高都为 60mm。

图 4 – 57　盒型结构

4. 制作如图 4 – 58 所示的图形。

图 4 – 58　"印刷"效果图

项目五　图形的应用——蛋糕纸盒的制作

教学目标

（1）熟练使用 Illustrator 图形软件。
（2）了解印刷工艺对印前制作的要求。
（3）能够正确分析样稿，制作出符合客户要求和印刷要求的数字文件。

能力目标

（1）能够根据客户要求，熟练使用 Illustrator 软件，制作对象。
（2）能够依据客户要求制作出符合印刷要求的小原版。
（3）能够依据印刷工艺要求拼合出符合印刷要求的大版。

知识目标

（1）了解专色在印刷中的使用。
（2）掌握文件画板大小的设定，如何依据对象的大小，设置最方便制作是考虑的重点，尤其是拼版版面的设定。
（3）掌握拼版如何节约成本，如何拼版可以做到最好是拼版的关键。
（4）掌握拼版完成后输出检查方法，尤其是刀线是否叠印。
（5）了解规格线、裁切线、信号条等在拼版输出的重要作用。

任务一　蛋糕纸盒印刷品的制作

制作规格与要求：

1. 生日蛋糕纸盒为正方体，分成三个部分：一是底座，二是中间部分，三是盖子。其中底座部分为原生纸直接压制而成，无须印刷，因而制作过程不包括底座，仅仅是盖子和中间部分。

2. 纸盒是以六寸蛋糕为例设计与制作，六寸蛋糕的直径为150～160mm，因而纸盒成品长和宽都是180mm；高度大约也为180mm（底座的厚度没有计算在内），粘贴部位的宽度是10mm。

3. 印刷方式为多色胶印，用纸为$100g/m^2$铜版纸，印刷后粘贴在纸板上，纸板的厚度约为1mm，印刷纸面在蛋糕盒子的边缘部位是折叠并贴入纸盒的内部，大约10mm，印刷的加网线数150线/英寸加网。成品的成型如图5-1所示。

图5-1　蛋糕纸盒的成品样图

制作步骤：

制作前的分析。根据题目要求，首先由于本蛋糕纸盒不是直接印刷在纸板上，而是印刷在纸面上，再贴在纸板上，且盒盖子部分整体的背景是同一个颜色，那么背景色我们做一个专色版；其次是本题目没有提供其他素材，所以都需要自己制作；第三本印刷面在边缘部位基本上是折叠贴入纸盒的内部，制作比较方便。印刷纸板比较薄，可以不考虑偏移量。

一、首先制作盒子的中间部位

1. 新建 Illustrator CS5 文件并命名为"蛋糕纸盒"，画板数量为1个，文档的设置大小宽度为180×4+10=730mm，高度为180+10+10=200mm。分辨率为300dpi，颜色模式为印刷的 CMYK 模式。

2. 打开【视图】→【标尺】，在显现标尺的情况下，将鼠标放置于标尺的交叉口，点击拖动鼠标在窗口的左上角释放鼠标，其实窗口的左上角即为坐标的0点。向右和向下为正方向。并打开智能参考线。

3. 选择矩形工具绘制一个宽度为734mm，高度为204mm的矩形。并以其左上锚点作为定位参考点，将其定位在X-2mm，Y-2mm处。边框设定为0磅。

4. 对矩形执行线性的渐变填充，上部颜色为C6%、M25%、Y2%，下部C30%、M60%、Y5%。角度为-90°。效果如图5-2所示。

5. 选择椭圆工具，绘制一个直径为20mm的正圆。

图5-2　中间部位的底色

6. 选择旋转工具，按住【Alt】键，在正圆的下锚点处点击，弹出旋转对话框，在旋转角度中输入"60"，按"复制"键，而后按【Ctrl+D】重复复制 4 个正圆。效果如图 5-3 所示。

7. 将图 5-3 执行路径查找器中的联集即与区域形状相加，形成如图 5-4 所示的图形。

  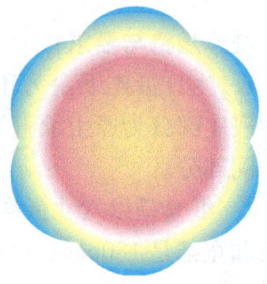

图 5-3　蛋糕花的轮廓雏形　　　图 5-4　蛋糕花的外部轮廓　　　图 5-5　渐变填充后的轮廓

8. 对上步生成的对象执行径向的渐变填充颜色如下：在渐变填充的对话框内从左至右颜色分别为：C3%、M10%、Y60%；C3%、M20%、Y50%，位置在 26% 处；C2%、M60%、Y8%，位置在 64% 处；C0%、M0%、Y0%，位置在 76% 处；C3%、M0%、Y50%，位置在 84% 处；C90%、M0%、Y2%，位置在 100% 处；并将边框修改为 0 磅，其结果如图 5-5 所示。

9. 选择渐变工具对步骤 8 中生成的对象执行修改渐变填充，方法是推拉渐变填充的滑杆，使之形成如图 5-6 所示的效果。

10. 选择步骤 9 中的对象复制并粘贴在前面，再缩小到原来的 20% 左右，而后同时选择复制前后的两个对象执行步骤调和，步数为 3 步，执行调和后的效果如图 5-7 所示。

11. 上步的蛋糕花执行【对象】→【扩张】，并取消编组，而后对内部的各个部分执行旋转，使之形成如图 5-8 所示的图形效果。

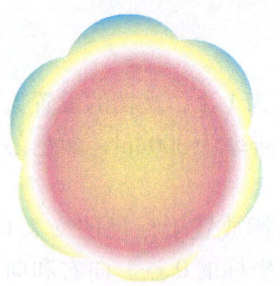  

图 5-6　修改渐变填充后的效果　　图 5-7　调和后的蛋糕花的效果　　图 5-8　旋转后的蛋糕花的效果

12. 选择椭圆工具绘制一个直径为 20mm 的正圆，并对其执行径向渐变填充，内部颜色为 Y20%，外部的颜色为 C20%、M50%，边框设定为 0 磅，并直接复制一个，把渐变填充的外部修改为 C30%、M60%，将修改后的对象直接复制一个。

13. 将蛋糕花以几何中心作为定位参考点定位于 X90mm，Y100mm 处。将第一次制作的径向填充的小圆也以几何中心作为定位参考点定位于 X90mm，Y60mm 处，同样将另外两个小圆分别定位在 X50mm，Y140mm 处和 X130mm，Y140mm 处，并将蛋糕花和三个小圆编组。

14. 在蛋糕花编组的对象选中状态下，按【Ctrl + Shift + M】键，在弹出的移动对话框中输入水平移动 180mm，垂直为 0mm，点击复制，再按【Ctrl + D】两次。形成的效果如图 5 - 9 所示。

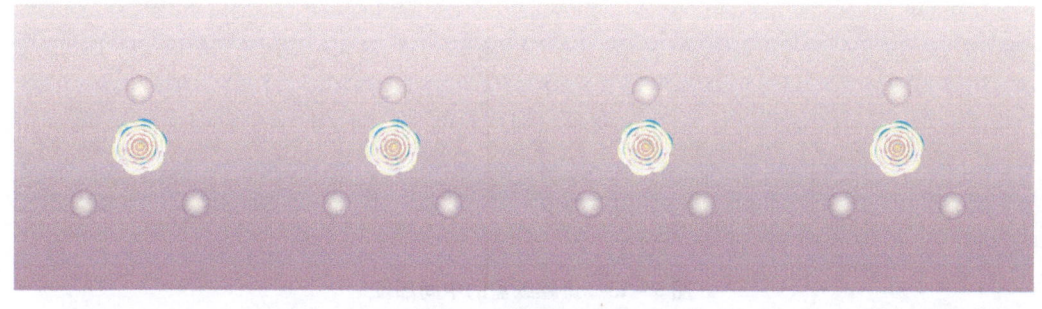

图 5 - 9　加入蛋糕花后的效果

15. 选择横向排列的文字工具输入"味美（中国）有限公司"，并将其以几何中心为定位参考点将其定位在 X450mm，Y160mm 处，再输入"需冷藏"将其定位在 X630mm，Y160mm 处。

16. 使用椭圆工具绘制一个直径为 20mm 的正圆，边框为 0 磅，对齐执行径向渐变的填充内部为 Y20%，外部为 Y100%。再次使用椭圆工具绘制如图 5 - 10 所示的形状。外面的椭圆描边为 3 磅，内部填充白色，小椭圆内部填充黑色，与大椭圆编组后直接复制一个。

17. 使用椭圆工具绘制一个直径为 10mm 的正圆，然后按住【Alt】键稍微向上移动正圆，便直接复制了一个对象，同时选中这两个正圆，执行路径查找器中的减去顶层，则生成了一个弯曲的弧形对象，内部填充黑色，边框也是黑色。效果如图 5 - 11 所示。

18. 将上述两步的对象按照图 5 - 12 所示的形状放置，形成一个笑脸，并将其放置于"需冷藏"的后面。

图 5 - 10　椭圆绘制的眼睛效果　　　图 5 - 11　弧形弯曲的效果　　　图 5 - 12　笑脸的效果

19. 新建一个图层，并命名为"刀线"。

20. 选择矩形工具绘制一个大小宽度为 730mm、高度为 200mm 的矩形，将其以左上的锚点作为定位参考点，定位于 X0mm，Y0mm 处；使用直线工具绘制一条 730mm 的水平直线，并将描边修改为虚线，实部和虚部都为 6，并将其以左端点作为定位参考点，将其定位在 X0mm，Y10mm 处；直接复制一根将其定位在 X0mm，Y190mm 处；再次绘制一根垂直的直线，长度为 200mm，依然采用虚线，将其以顶端点作为定位参考点，定位在 X180mm，Y0mm 处；按移动的快捷键，在弹出的窗口中水平移动 180mm，垂直方向不发生移动，按复制按钮，然后在【Ctrl + D】两次。选中全部的刀线，打开【窗口】→【信息】，在弹出的窗口中设定为叠印描边。

21. 全部选中刀线图层中的对象，将其边框修改为专色填充。至此中间部位制作完毕。其效果如图5-13所示（刀线未显示），保存为默认的AI格式。

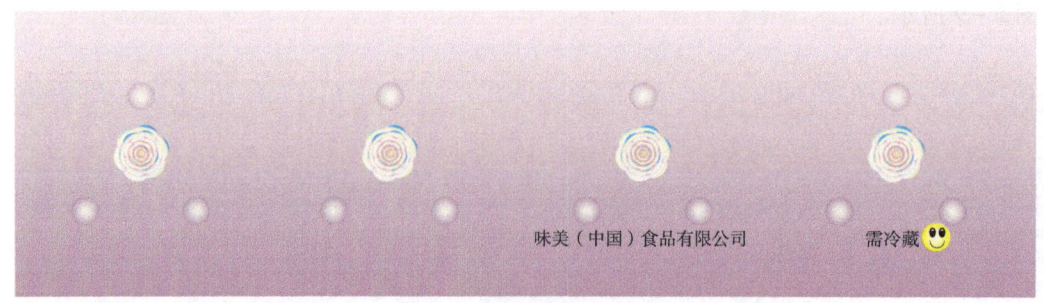

图5-13 蛋糕纸盒的中间部位

二、蛋糕纸盒盖子部位的制作

1. 新建Illustrator CS5文件并命名为"蛋糕纸盒盖子"，画板数量为1个，文档的设置宽度为180＋20＋20＝220mm，高度为180＋20＋20＝220mm。分辨率为300dpi，颜色模式为印刷的CMYK模式。其中一个20mm是盖子下边沿，另一个20cm是两边内折叠的10mm。

2. 打开【视图】→【标尺】，在显现标尺的情况下，将鼠标放置于标尺的交叉口，点击拖动鼠标在窗口的左上角释放鼠标，其实窗口的左上角即为坐标的0点。向右和向下为正方向。并打开智能参考线。

3. 选择矩形工具绘制一个大小为224mm的正方形，并将其以几何中心作为定位参考点将其定位在X110mm，Y110mm处。

4. 再次绘制两个边长分别为22mm、10mm的正方形，并将两个正方形执行底端和右端分别对齐，而后执行路径查找器中的减去顶层对象的命令，则生成一个新的形状，前后效果的对比如图5-14所示。

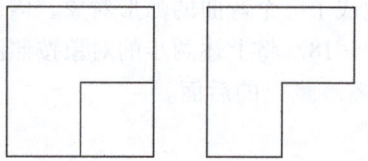

图5-14 正方形修剪的效果

5. 将正方形修剪后的效果的对象以左上锚点作为定位参考点定位于X-2mm，Y-2mm处。

6. 按住【Alt】键，再次直接复制一个修剪后的对象并旋转90°，以左下锚点作为定位参考点将其定位在X-2mm，Y222mm处。

7. 重复步骤6两次，并分别将对象定位在X222mm，Y222mm处；X222mm，Y-2mm处。形成如图5-15所示的图形。

8. 对图5-15执行路径查找器上的减去顶层对象命令，则形成新的图形如图5-16所示（注解：要生成这样一个图形方式方法很多，本例只是其中一个方法）。

图5-15 正方形四角修剪前的效果

9. 对修剪四角的正方形执行专色填充，最终印刷的颜色要求是C20%、M50%、Y3%。并将对象的边框设定为0磅。

10. 使用钢笔工具绘制"心形"的一半，上下锚点要垂直对齐，然后选择镜像工具，将镜像的中心点放置于心形上凹部位的锚点处执行垂直镜像，而后选择上部的两个锚点执行【Ctrl + J】，再选择下部的两个锚点执行【Ctrl + J】，则形成一个心形。心形绘制前后的效果如图 5 – 17 所示。

11. 对心形执行径向的渐变填充，内部为 Y36%，外部为 C5%、M100%、Y100%。并使用渐变工具，将其渐变中心调整到偏右的位置，效果如图 5 – 18 所示，将对象的边框设定为 0 磅。

图 5 – 16 正方形四角修剪后的效果

图 5 – 17 心形绘制的前后

图 5 – 18 心形渐变填充的效果

12. 将心形对象进行等比例缩放，使其高度为 5mm（使用【Shift + Alt】键和变换窗口配合使用），直接复制一个心形对象，使两者的距离为 15mm 左右，并执行顶端或者底端对齐，而后选中两个对象，执行调和，调和的步数为 10 步，生成一行的心形对象，效果如图 5 – 19 所示。

图 5 – 19 调和后心形的效果

13. 将调和的对象以几何中心为参考定位点将其定位于 X110mm，Y205mm 处。

14. 按住【Alt】键拖动直接复制一个调和后的心形对象，并旋转 90°，并将其定位于 X205mm，Y110mm 处。

15. 重复步骤 14 两次，分别将心形调和后的对象复制放置于 X110mm，Y15mm 处；X15mm，Y110mm 处。形成如图 5 – 20 所示的效果。并将对象编组。

16. 选择矩形工具绘制一个宽度 20mm，高度 40mm 的矩形。

17. 选择椭圆工具绘制一个宽度 20mm、高度 10mm

图 5 – 20 心形绕边的效果

61

的椭圆，并将椭圆的左锚点与矩形的左下锚点对齐，而后执行路径查找器下的与形状区域相加即联集，结果如图 5-21 所示。

18. 对蜡烛主干执行线性的渐变填充，角度为 0，颜色从左至右依次为：C25%、M50%、Y100%，位置在 0% 处；C0%、M50%、Y100%，位置在 30% 处；C0%、M0%、Y0%、K0%，位置在 80% 处；C25%、M50%、Y100%，位置在 100% 处。其结果如图 5-22 所示（取消了边框）。

19. 选择椭圆工具绘制一个宽度为 20mm、高度为 10mm 的椭圆，并将椭圆的左边锚点与蜡烛主干左上锚点重合，并对其执行径向的渐变填充，内部颜色为 Y60%、K10%，外部的颜色为 C25%、M50%、Y60%、K10%。蜡烛主干的效果如图 5-23 所示（取消了边框）。

20. 直接复制一个蜡烛主干并取消内部填充，再添加边框，效果如图 5-24 所示。

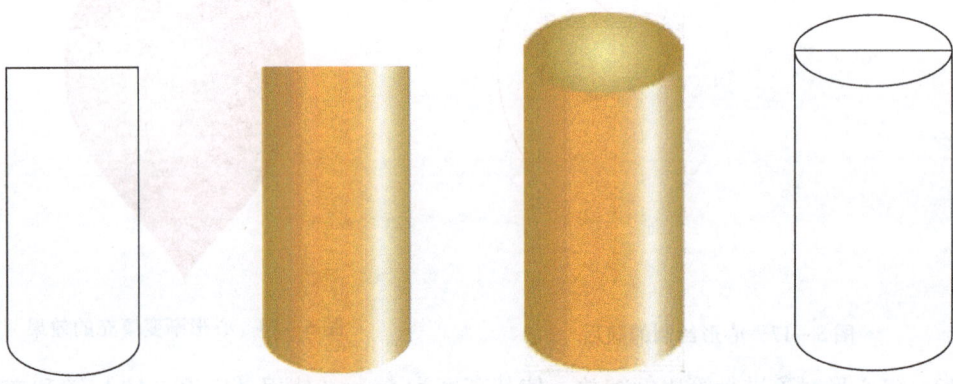

图 5-21　蜡烛主干效果　　图 5-22　蜡烛主干的填充效果　　图 5-23　蜡烛主干加上顶部的效果　　图 5-24　蜡烛主干取消填充的效果

21. 选择椭圆工具绘制一个 60mm×30mm 的椭圆，并按住【Alt】键向上移动直接复制一个椭圆，并将复制的对象稍作顺时针方向的旋转或者偏移一些，同时选中两个椭圆执行路径查找器中减去顶层对象，其结果如图 5-25 所示。

22. 将彩带的轮廓作顺时针旋转 20°。将其放置于图 5-24 上面，从上至下排列 6 个，选中所有的 6 个对象执行垂直居中分布，效果如图 5-26 所示（为便于操作，将彩带填充红色）。

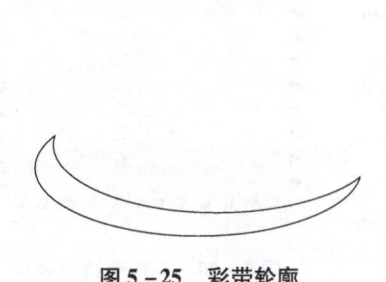

图 5-25　彩带轮廓　　　　　　　　图 5-26　彩带放置于蜡烛主干的效果

23. 同时选中图5-26的所有对象，执行路径查找器下的分割命令，将蜡烛主干上的彩带全部保留，其余的全部删除，并对留下的彩带进行线性渐变填充。从左到右的颜色依次是M100%、Y100%、K10%，最左边；M100%、Y100%，位置位于30%处；M0%、Y0%、K0%，位于78%处；M100%、Y100%、K10%，最右边。其效果如图5-27所示。

24. 从图5-27可以看出最下面的一条彩带和最上面的一条彩带亮光位置与其他的不在一条线上，为使其在同一条线上，将图5-27取消编组，单独对上面和下面的彩带通过调整白色填充的位置，使其与中间的对象白色部位处于同一条直线上。效果如图5-28所示，并编组。

图5-27 修剪后的彩带填充效果　　图5-28 调整渐变后的效果　　图5-29 蜡烛主干装饰效果

25. 同时选中图5-23和图5-28执行底端对齐和水平居中对齐。效果如图5-29所示，并将对象编组。

26. 使用钢笔工具绘制火烛，并对火烛进行径向的渐变填充，内部的颜色为Y100%、K10%，外部的颜色为M40%、Y100%、K10%，火焰部分执行不透明度为60%，并取消边框。使用钢笔工具再绘制一条短线作为灯芯，颜色填充为C50%、M100%、Y100%、K25%，并放置于火焰的下部，位于火焰的后方。

27. 再使用椭圆工具绘制一个大小宽度为12mm、高度为6mm的椭圆，执行径向的渐变填充，内部颜色为C25%、M50%、Y100%、K25%，外部为M50%、Y100%、K25%。将灯芯和火焰放置于椭圆的几何中心，效果如图5-30所示。

图5-30 烛光　　图5-31 完整蜡烛效果

28. 将图烛光放置于裹有彩带的蜡烛主干上，让小椭圆位于蜡烛主干的中心位置，则蜡烛绘制结束，其效果如图5-31所示。

29. 使用椭圆工具绘制一个宽度为140mm，高度为95mm的椭圆，而后打开【窗口】→【边框】→【边框】→【新奇】，选择押花，此时边框便被押花修饰。效果如图5-32所示。将其以几何中心作为定位参考点，定位于X110mm，Y110mm处。

图5-32 押花效果

30. 将蜡烛放置于押花的中心位置，并将其置于对象的最前面。

31. 打开【窗口】→【符号】，在弹出的对话框中寻找合适的花朵，如果没有，可以点击窗口下面的符号库，再寻找花朵，在花朵窗口中找到兰花，将其拖入到窗口中，找到红玫瑰将其拖入到窗口之中。花朵的效果如图 5-33 所示。

图 5-33　兰花和红玫瑰

32. 将红玫瑰适当放大一些，并直接复制五朵，并排成一圈，将兰花围在中间。选择钢笔工具绘制花朵的杆子，并为其填充 C90%、M30%、Y95%、K45%。并直接复制几根，摆放在花朵的下面。效果如图 5-34 所示。

图 5-34　一束花

图 5-35　两束对称花

33. 将花朵和花径编组，并直接复制一束将其旋转一定的角度做如图 5-35 所示的摆放。并将其放置于蜡烛的前面，押花的内部。

34. 使用横向排列的文字工具在上面写上 Happy Birthday，字体设置为 50 磅，字形设置为 Brush Scrip StdSedium 体，颜色为 M100%；下面输入"味美（中国）食品有限公司"，字体设置为 35 磅，字形设置为汉仪中楷简，字体颜色为 M100%；分别将文字放置于押花的上部和下部，文字的几何中心的横坐标位于同一位置。盖子效果如图 5-36 所示。

35. 新建一个图层并命名为"裁切线"。选择图层一中的底色部分执行复制，并粘贴到新建图层中，取消其内部填充，并将其以几何中心作为定位参考点，定位于 X110mm，Y110mm 处。

图 5-36　纸盒盖子的展开图效果

36. 选择直线工具绘制一根 200mm 的水平直线，将其以左边锚点作为定位参考点定位于 X10mm，Y20mm 处。并直接复制一根定位于 X10mm，Y200mm 处。采用虚线填充直线，虚部和实部的数值均为 6 磅。

37. 再次绘制一根垂直的直线，长度为 180mm，将其以顶端锚点作为定位参考点定位于 X20mm，Y20mm 处。并直接复制一根将其定位于 X200mm，Y20mm 处。同样为虚线。

38. 再绘制一段 10mm 的垂直直线，将其以顶端锚点作为定位参考点定位于 X20mm，Y10mm 处，为实线。再直接复制 3 根，分别放置于如图 5-37 所示的位置。

39. 选中裁切线图层上面的对象，将其裁切线全部定义为专色。打开【窗口】→【信息】，在弹出的窗口中设定为叠印描边。

图 5-37　裁切线效果

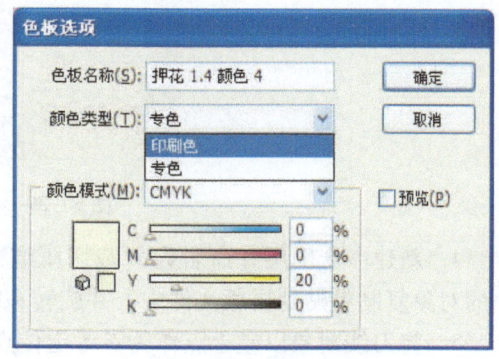

图 5-38　专色转印刷色

40. 此时查看色板中会有几种不同的专色，当鼠标放置于上面时显示有"押花 1.4 颜色 4"等字样，该情况表示盖子中绘制的押花含有专色，需要将专色修改为印刷色。并且非全局印刷色。修改方式是在颜色窗口中双击专色标志，在弹出的对话框中将专色修改为印刷色，并取消全局印刷色前的打钩。对话框如图 5-38 所示。

41. 存储文件，一份保存为 AI 的默认格式。

三、印刷文件拼版

分析：印刷是输出 CTP 版材，我们以版面尺寸宽度为 1030mm，高度是 790mm 的版材进行拼版。那么在 1030mm 方向可以拼 4 联，在 790mm 方向可以拼 1 联。共计 4×1=4 个小原版。

1. 新建 Illustrator CS5 文件并命名为"蛋糕纸盒拼版"，画板数量为 1 个，文档的设置大小宽度为 812mm，高度为 730mm。分辨率为 300dpi，颜色为印刷的 CMYK 模式。并把坐标原点定位于窗口的左上角，打开智能参考线。

2. 打开文件"蛋糕纸盒"选中"中间部位印刷"这个图层中的所有对象，复制并粘贴到新文件中来，并将对象旋转 90°，以对象的左上锚点为定位参考点，将其定位于 X-2mm，Y-2mm 处。

3. 按住【Ctrl+Shift+M】，在弹出的移动窗口中在垂直方向输入 0，水平方向输入 204，点击"复制"，而后按【Ctrl+M】两次，则 4 组对象复制完毕。效果如图 5-39 所示。

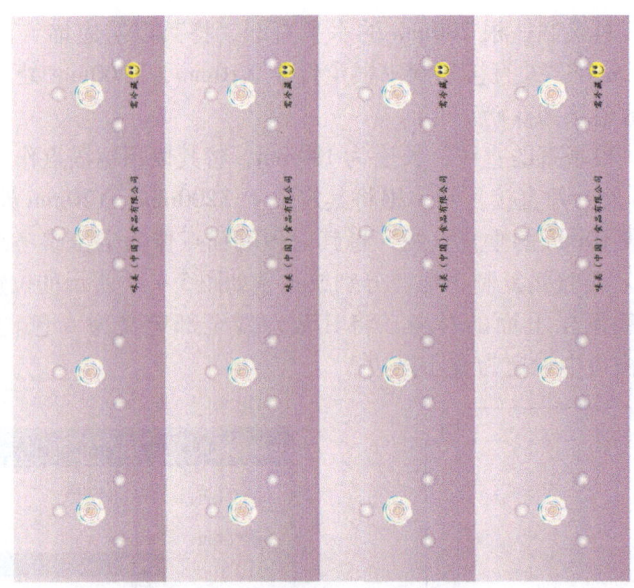

图 5-39　印刷部分拼版

4. 新建一个图层并命名为"裁切压痕线"。从"蛋糕纸盒文件"选中"刀线"图层中的对象复制粘贴到拼版文件中,并旋转 90°。

5. 将刀线对象以左上点作为参考定位点定位于 X0mm,Y0mm 处。

6. 依照步骤 3 的操作,则完成下面 3 个刀线的定位,将 4 个刀线编组。

7. 选择矩形工具绘制一个宽度 812mm、高度为 730mm 的矩形,将其以左上点为定位参考点,将其定位在 X0mm,Y0mm 处。并和下面的 4 个刀线执行建立剪切蒙版(目的是使刀线不会被轻易移动,并形成一个整体)。效果如图 5-40 所示。并检查刀线是否叠印。

图 5-40　裁切压痕线

8. 再次新建一个图层,并命名为"裁切标记"(名字是自己依照本厂的习惯定义的,后工序人员能够理解就可以)。首先绘制一个宽度 812mm、高度为 730mm 的矩形,将其以左上点为定位参考点,定位在 X0mm, Y0mm 处。

9. 执行【视图】→【裁切标记】,则在矩形的周围便形成了裁切标记,并采用套印色(需要什么型号的裁切标记可以在首先项中设定)。

10. 放置各个色板的信号条,每一种信号条放实地色和五成网点,以及回型信号条。信号条每个的大小为 5mm×5mm,位置位于拖梢部位,距版面净尺寸 3mm 处,横向距 3mm 处,遇到十字线的位置要让开,如图 5-41 所示。

图 5-41 信号条

11. 添加必要的拼版数据信息。包括"拼版人、拼版规格"字体为 12pt,各个色版,CMYK 各自采用相应色版的颜色,比如黄版就使用黄 100%,其他类同;"叼口"二字为 12pt;离开净尺寸 15mm 左右,横向没有固定,一般靠近横向的中心放置。其中"叼口和拼版人"信息采用套印色填充,其他的信息采用各自色版的颜色。

12. 修改画板的尺寸,打开【文件】→【页面设置】,在弹出的对话框中点击编辑画板,在画板的属性框中取消横向和纵向的链接关系,将横向的宽度加上 30mm 修改为 842mm,纵向的高度加上 30mm,修改为 760mm。

13. 存储文件,一份存储为默认的 AI 格式,一份存储为 PDF 文件格式。

14. 拼版最终的页面显示如图 5-42 所示。

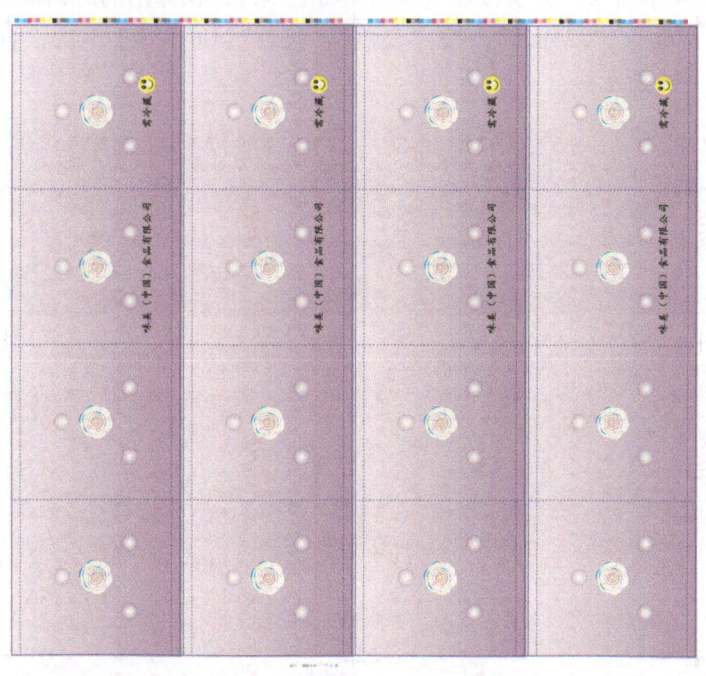

图 5-42 拼版后的完整图示

15. 存储为 PDF 文件格式后通过【高级】→【印前制作】→【输出预览】,可以看到共有 5 个版,分别是 CMYK 4 个和 1 个刀版。如图 5-43 所示。

备注：本题目是采用直接将小原版复制过来执行的拼版，也就是属于嵌入式的，如果是链接式的，在输出时必须将原文件一起打包过去。

四、蛋糕纸盒的盖子拼版

分析：蛋糕纸盒的盖子大小为宽度 224mm，高度也为 224mm。CTP 版材采用 1030mm × 790mm 的。那么在 1030mm 方向可以排 4 个，在 790mm 方向可以排 3 个，一共可以拼 12 个小原版。

1. 新建 Illustrator CS5 文件并命名为"蛋糕纸盒盖子"，画板数量为 1 个，文档的设置大小宽度为 892mm，高度为 668mm。分辨率为 300dpi，颜色为印刷的 CMYK 模式。出血为 2mm。并把坐标原点定位于窗口的左上角和智能参考线。

2. 打开"蛋糕纸盒的盖子"的文件，将复制图层一中的对象，粘贴在新建的文件中。将其以左上点作为定位参考点，将其定位在 X－2mm，Y－2mm 处。

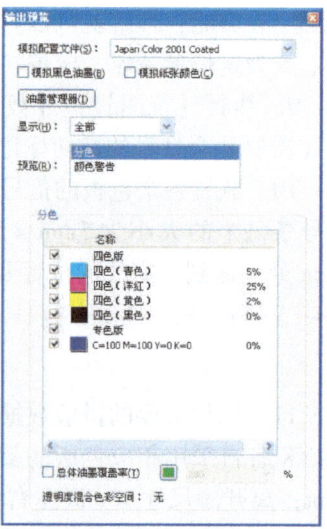

图 5－43　共五个版子

3. 按住【Shift＋Ctrl＋M】，在弹出的对话框中水平方向输入"224mm"，垂直方向输入"0mm"，按"复制"。按住【Ctrl＋D】两次，直接复制两个对象。

4. 选中上面 4 个对象，再次按住【Shift＋Ctrl＋M】，在弹出的对话框中水平方向输入"0mm"，垂直方向输入"224mm"，按"复制"。按住【Ctrl＋D】1 次，直接复制一组对象。效果如图 5－44 所示。

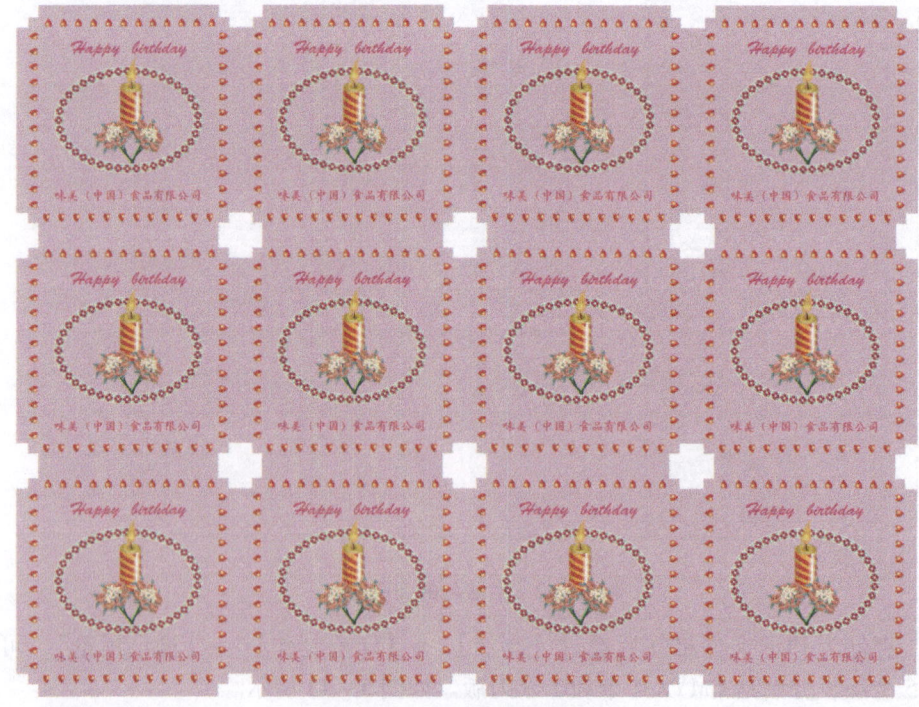

图 5－44　蛋糕纸盒拼版效果

5. 新建一个图层并命名为"蛋糕纸盒刀线拼版",在蛋糕纸盒盖子文件中直接复制刀线,并直接粘贴在新建图层中,并以其左上点作为定位参考点,将其定位在 X0mm,Y0mm 处。重复步骤 3 和 4,将蛋糕纸盒刀线拼版完成。效果如图 5-45 所示。

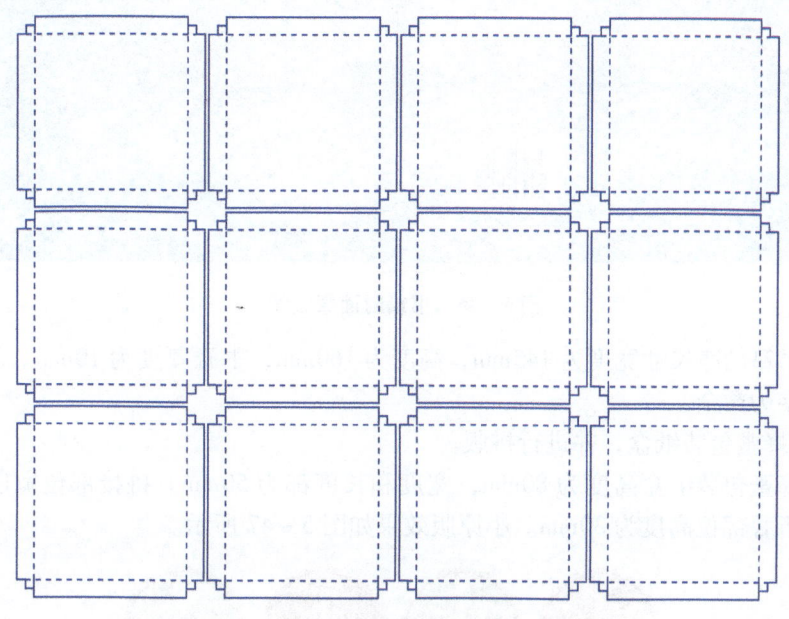

图 5-45　蛋糕纸盒刀线拼版效果

6. 再新建一个图层,命名为蛋糕裁切标记,选择矩形工具绘制一个宽度为 892mm,高度为 668mm 的矩形,并以其左上点作为定位参考点,将其定位在 X0mm,Y0mm 处。

7. 执行【效果】→【裁切标记】,就建立了拼版的裁切标记。

8. 放置各个色版的信号条,方法同蛋糕纸盒的拼版中信号条的放置,但需要加入蛋糕纸盒盖子中专色的信号条。位置位于拖梢,距版面净尺寸 3mm 处,横向距 3mm 处。

9. 同蛋糕纸盒的拼版添加必要的拼版数据信息。离开净尺寸 15mm 左右,横向没有固定,一般靠近横向的中心放置。其中"叼口"和"拼版人"信息采用套印色填充,其他的信息采用各自色版的颜色。

10. 修改画板的尺寸,打开【文件】→【页面设置】,在弹出的对话框中点击编辑画板,在画板的属性框中取消横向和纵向的链接关系,将横向的宽度加上 50mm 修改为 942mm,纵向的高度加上 50mm,修改为 718mm。

11. 保存文件,一份保存为 AI 的默认格式,一份保存为 PDF 文件格式。

技 能 训 练

1. 绘制《幼儿音乐畅想》的书籍封面,并以 1030mm×790mm 的 CTP 版材作为输出版材进行拼版。小原版效果如图 5-46 所示。

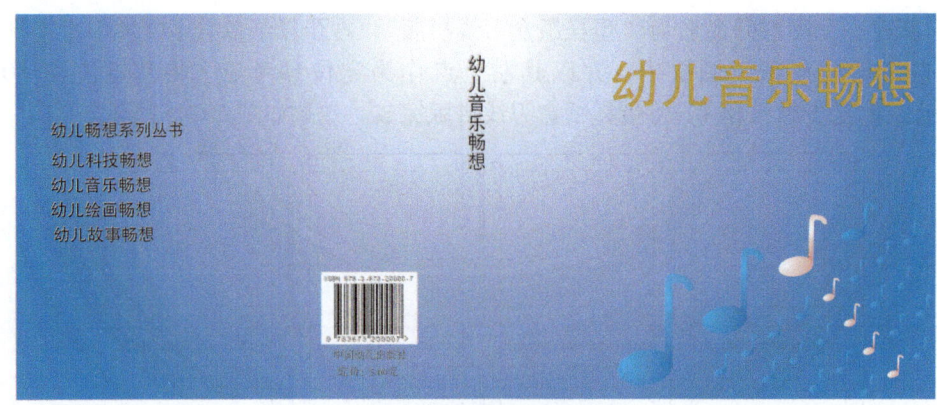

图 5-46　书籍封面原版图

要求：书籍的净尺寸宽度为145mm，高度为160mm，书脊厚度为10mm。幼儿音乐畅想的封面文字为烫金。

2. 绘制蜂蜜包装纸盒，并进行拼版。

要求：蜂蜜包装纸盒高度为80mm，宽度和长度都为50mm。拼接部位宽度为15mm，盒子两端的折叠部位高度为30mm。小原版效果如图5-47所示。

图 5-47　蜂蜜纸盒的原版图

项目六　图形的印前制作具体应用

🔍 教学目标

（1）以印前制作中使用图形软件制作的问题为案例，让学生在课堂中接触实践。

（2）能够正确分析客户文件，理解客户的要求。

（3）依据客户要求，制作出符合客户要求和印刷要求的数字文件。

📋 能力目标

（1）利用客户文件和本厂的规格要求制作出小原版。

（2）能够根据印刷工艺要求，将小原版拼版。

☆ 知识目标

（1）根据印刷要求，在尊重客户制作的基础上修改客户不符合印刷要求的部分。

（2）如何根据符合印刷要求的规格制作数字文件。

任务一　从客户文件到印刷拼版文件

说明：在实际生产中，客户根据自己的产品要求，制作了相关的原文件提供给印刷厂，但客户的原文件多数并不能直接使用，需要处理成本厂生产直接能够使用的文件。本案例就是为这方面服务，学习从客户文件到拼大版文件的制作过程。

要求：客户提供了香水瓶包装纸盒的 PDF 文件，提供了两个该 PDF 文件中链接的图片，告知了纸盒的规格尺寸，并没有包装纸盒的规格文件，瓶子纸盒的高度为 255mm，长度为 255mm，宽度为 98mm。客户提供的文件如图 6-1 所示。

梅花链接文件　　　香水瓶链接文件　　　香水瓶

图 6-1　客户文件

分析：印前制作的任务是，首先需要依据本生产企业包装加工部门提供本包装的规格文件；其次是依据客户文件和规格制作香水瓶的小原版，制作拼版文件。建议不要改动客户提供的文件，就放置在客户文件夹中，自己制作时把客户的文件拷贝一份，放置在自己新建的文件夹中，以免破坏了客户的原文件。

制作过程：

1. 使用 Illustrator CS5 将客户文件打开。检查客户文件的颜色模式和分辨率是否符合印刷要求，如果不符合，需要将颜色模式修改为 CMYK 模式。

2. 打开客户文件之后，用鼠标点击客户文件的链接图片，查看其颜色模式，如果是 CMYK 的颜色模式则无须修改，如果是 RGB 的颜色模式或者其他的颜色模式，需要将原图在图像处理软件中进行颜色模式的修改，并保存文件，保存时不要修改原文件的名字，其链接文件会自动更新。

3. 新建一个 Illustrator CS5 文件，并命名为"香水瓶小原版"，大小可以设定为 A4 幅面，颜色模式为 CMYK，分辨率为 300dpi。并将坐标 0 点定位在窗口的左上角。

4. 将步骤 1 中打开的客户文件直接复制一份，以其左上端点作为定位参考点，将其定位在坐标 0 点处。

5. 新建一个图层并命名为"刀线"。将本厂依据客户的要求制作的规格打开，将其复制并粘贴在刀线图层之中。

6. 使用【选择】→【相同】→【填色和描边】，这样便可以将实线部分全部选中。然后给实线部分定义专色并编组；再次使用同样的方法选择虚线部分，为其定义专色并编组。选择相同的命令如图 6-2 所示。

7. 将实线部分和虚线部分同时选中，并剪切。而后使用选择工具在刀线图层中拉框选择一下（该框尽可能大，最好将窗口覆盖），看看是否有不必要的游离点，如果有就将其删除。以保证规格内不含有其他的杂点。然后执行粘贴在前面【Ctrl + F】命令，将规格编组。打开【窗口】→【属性】将规格设定为叠印描边。

8. 使用选择工具或者键盘上的方向键，移动规格，使其与客户文件的规格线对齐，即客户文件的规格线与本厂的规格刚好重合。由于客户文件的规格并不规范，所以是不可能完全重合的，要以重点部位为准。客户文件、规格图片效果如图 6 – 3 所示。

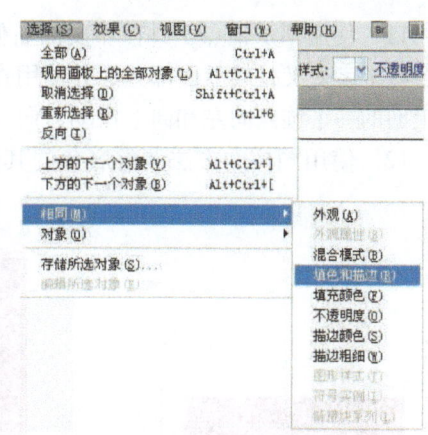

图 6 – 2 选择相同的填色与描边

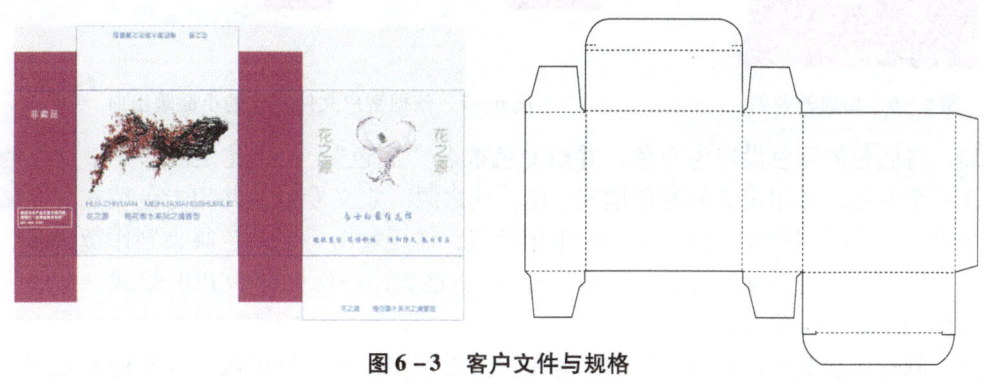

图 6 – 3 客户文件与规格

9. 本作业主要对齐点是以客户文件中间底色部位作为对齐参考位置，右边和底边与规格对齐，对齐后的效果如图 6 – 4 所示。

10. 回到客户文件图层调节底色需要出血处理的部位。从图 6 – 3 可以看出，底色部位并没有做出血，这样在印刷时就会露白，而有些部位由于印刷的压力会压印到另一边不该有底色的地方，图解如图 6 – 5 所示。

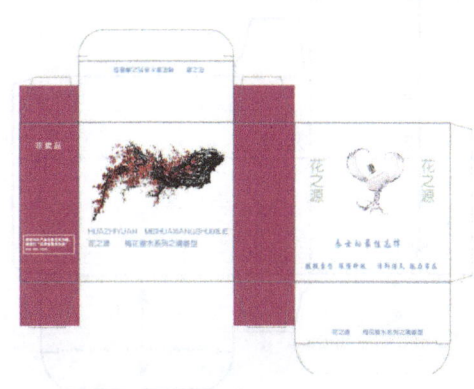

图 6 – 4 客户文件与规格对齐的效果

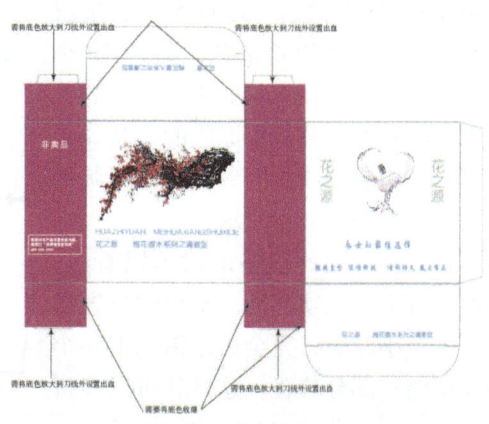

图 6 – 5 底色需要调整的部位

11. 使用增加锚点工具在非卖品右侧的底色边框处增加两个锚点，一个在十字交叉处，一个在十字交叉处的上面部分。并使用直接选择工具将增加的第二个锚点向左推动，再点击最上面的一个锚点向左和向上推动，向上使其超越规格3mm，整体效果如图6-6所示。

12. 使用同样的方法调整底色的其他位置，最终的结果如图6-7所示。

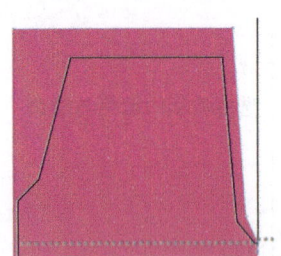

图6-6 出血的调整

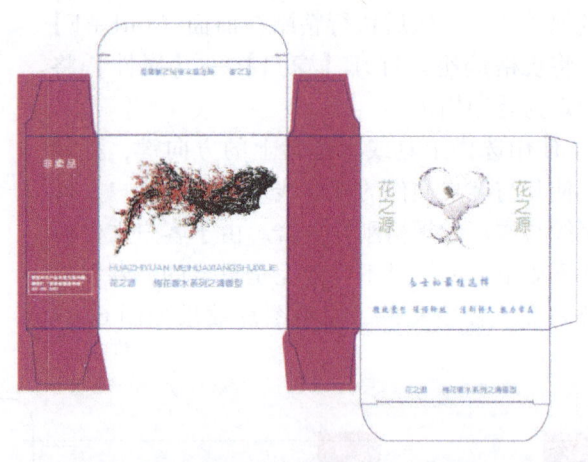

图6-7 依据客户文件制作的小原版出血

13. 将底色的颜色设定为专色，并给专色取名"底色"，给"花之源"文字之外的文字定义一个专色，并用定义的专色填充。给"花之源"定义专色，并用专色填充，在属性窗口中设定其为叠印填充。这几个文字采用烫银，需要输出一个专色版来制作烫银版。将客户文件中的规格线删除，将文件一份保存为AI格式，一份保存为PDF格式。至此依据客户文件制作的小原版完成。

14. 制作拼版文件，依照单位的工艺单，看看使用何种版材拼版，本作业是依据CTP版材（1030mm×790mm的版材）或者工艺单上给定的拼版尺寸来进行拼版。

15. 分析计算。本作业的宽度为262.5mm，高度为195mm，如果按照这样拼版，就以262.5mm拼在1030mm方向，可以拼3联（262.5×3+2×6=799.5mm）（2×6是指三个小原版之间有两个间隙，间隙就是每个留出3mm的出血位置）拼不下4联，在高度方向可以拼3联，即共可以拼接9个小原版。如果方向调一下，将195mm方向拼在版材1030mm方向上的话可以拼5联，版材790mm方向上可以拼2联，共计10个小原版。那么有没有可以拼出更多的拼法呢。我们首先分析小原版的形状。是否可以借用错位相拼的方式。小原版的规格和形状如图6-8所示。

16. 从上面的规格形状可以看出，小原版拼版时无须移动一整个的位置拼接下一个小原版，完全可以借用上一个小原版的一部分位置，这样就可以多拼几个小原版。即做如图6-9的拼接。

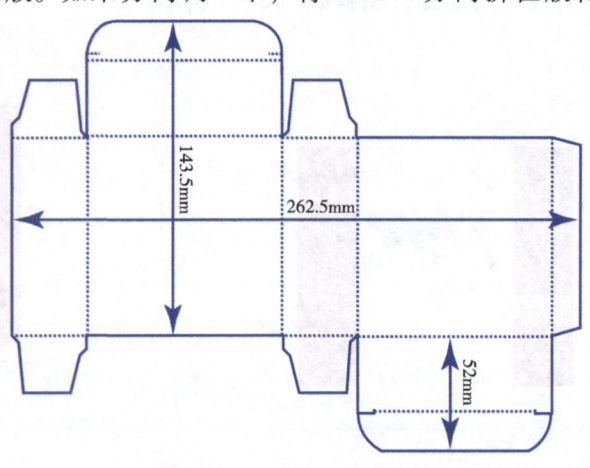

图6-8 小原版的形状与尺寸

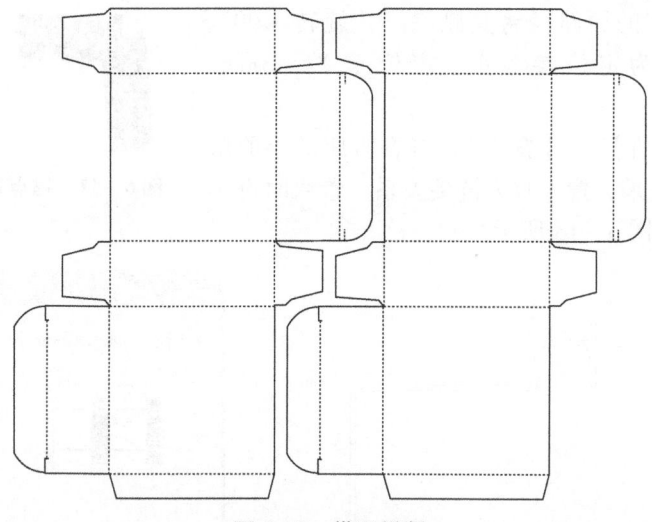

图 6-9　借用拼版

17. 以这样的方式计算横向 1030mm 方向放置 262.5mm 宽度的小原版依然是 3 个，790mm 方向放置 195mm 高度的小原版为 143.5×3 + 3×6 + 195.5 = 644mm 可以放置 4 个，共计放置 12 个。如果将小原版方向旋转 90°放置的话，在 1030mm 方向上可以拼 143.5×5 + 5×6 + 195.5 = 943mm；在 790mm 方向可以拼 262.5×2 + 6 = 531mm。共计可以拼接 12 个小原版。本作业就以第 2 种方式进行拼版。

18. 新建一个文件，页面的大小设定为宽度 943mm，高度为 531mm，分辨率为 300dpi，颜色模式为 CMYK。将坐标 0 点的位置定位在窗口的左下角。

19. 打开刚才制作的香水瓶小原版，选择其刀线图层中的刀线对象复制，并粘贴在拼版文件中，将粘贴过来的对象旋转 -90°，并以其左下点作为定位参考点将其定位在坐标原点。

20. 打开【对象】→【变换】→【移动】窗口，在弹出的对话框中输入水平移动 149.5mm，垂直方向移动为 0mm。点击复制，并再次按【Ctrl + D】4 次。而后同时选中最下面一行的刀线，执行向上移动复制，垂直移动的距离是 268.5mm。将所有刀线编组，并检查是否为专色叠印。

21. 新建一个图层，复制一个规格对象到新建的图层之中，取消全部编组之后，将规格内部的虚线全部删除，只留下外部的边框线。效果如图 6-10 所示。

22. 使用直接选择工具，将任何两条直线或者曲线的端点给连接起来，使整个边框成为一个封闭的整体。操作方法是用直接选择工具使用拉圈选框的形式，选中相邻的两个锚点，执行【对象】→【路径】→【连接】，将路径连接起来。连接前后的锚点放大后对比如图 6-11 所示。

23. 将路径全部线段和曲线逐个锚点连接好之后，成为了一个封闭的整体，执行【对象】→【路径】→【偏移路径】，在弹出的对话框中输入偏移 3mm，而后点击确定。效果图如图 6-12 所示。

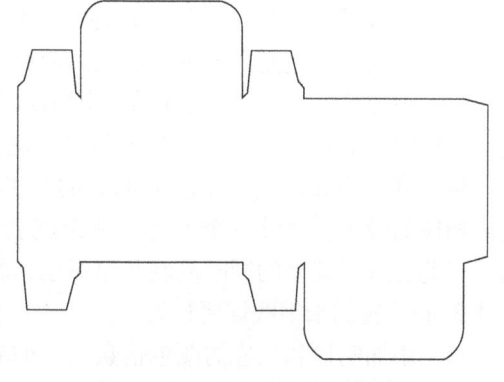

图 6-10　规格的外部实线部分

24. 选中内部的原路径将其删除。并旋转 -90°。将其以左下点作为定位参考点，定位于 X -3mm，Y3mm 处。

25. 执行【文件】→【置入】，将香水瓶的小原版的 PDF 文件置入进来，置入时为链接关系，置入时选择作品框。对话框如图 6-13 所示。

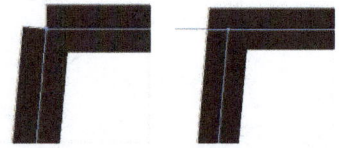

图 6-11　锚点连接前后对比图

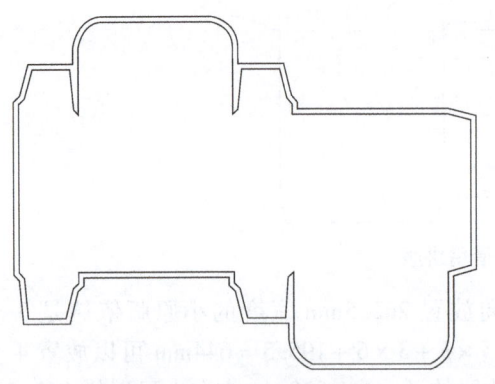

图 6-12　路径偏移之后

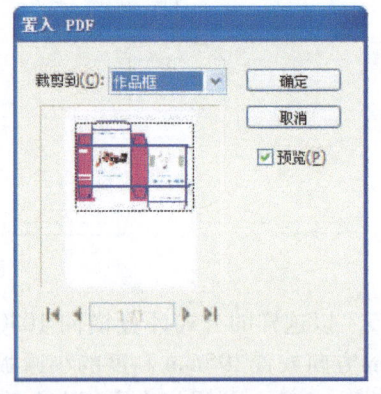

图 6-13　置入时的裁剪选择

26. 将置入的文件旋转 -90°，将其以左下点作为定位参考点，定位在坐标原点处。并将其置于底层。

27. 同时选中路径偏移后的规格，与链接进来的小原版执行【对象】→【建立剪切蒙版】。

28. 将建立蒙版后的小原版选中，打开移动对话框，在弹出的移动对话框中输入水平移动 149.5mm，垂直方向不发生移动，点击复制，然后按【Ctrl+D】4 次，直接复制 4 个小原版，至此下面一行的小原版拼版完毕。

29. 将下面一行的 6 个小原版选中，打开移动对话框，在移动对话框中水平方向输入 0mm，垂直方向输入 -268.5mm，点击复制。

30. 打开图层面板，将含有小原版的图层移动到最下面，并再次新建一个图层。

31. 在新建的图层中添加裁切线和信号条等信息。首先使用矩形工具绘制一个宽度为 943mm，高度为 531mm 的矩形，以其左下点为定位参考点将其定位在坐标原点处。

32. 执行【效果】→【添加裁切标记】。此时页面上生成相应的角线和十字线等裁切标记，检查其颜色填充是不是套印色。而后执行【对象】→【扩展】，将其转化为对象。

33. 添加信号条。置入信号条，因为本小原版中有专色，在信号条中一定要含有该专色，所以需要对置入进来的 CMYK 信号条进行修改。

34. 将 CMYK 的信号条前面部分的 CMYK 保留，从下一个重复的位置，将其分别修改成相应的专色，共计三个专色，那么就要修改三组，将该三组对象与前面的 CMYK 编组，以此在水平移动的同时复制几组对象，将其定位在拖梢部位，距离左边 3mm，离开净尺寸 3mm。遇到十字线需要让开。

35. 添加叼口和相应的颜色信息，"叼口，拼版人，黄、品红、青、黑"。叼口和拼版人采用套印色填充，黄、品红、青、黑采用各自色版 100% 的颜色填充。

36. 缩放版面，点击【文件】→【页面设置】→【编辑画板】，在页面的宽度上增加 30mm，高度增加 40mm。

37. 保存文件，一份保存为 AI 格式，一份保存为 PDF 格式，注意一定要和链接文件保存在同一位置，以免发生链接错误。拼版后的效果如图 6－14 所示。

图 6－14　拼版版面

38. 存储为 PDF 格式文件以后，可以在输出预览内检测一下色版是否正确，刀线是否叠印，是否为专色，各个色版输出信息是否正确等相关信息。

技 能 训 练

1. 依据客户提供的 PDF 文件和一份链接图片，制作生产使用的小原版和拼版文件，拼版使用工艺单提供的，在 CTP 宽度为 1030mm，高度为 790mm 的版材上。

纸盒的高度为 260mm，宽度为 50mm，长度为 100mm。规格由印刷企业厂家提供。客户文件和厂家的规格文件如图 6－15 所示。

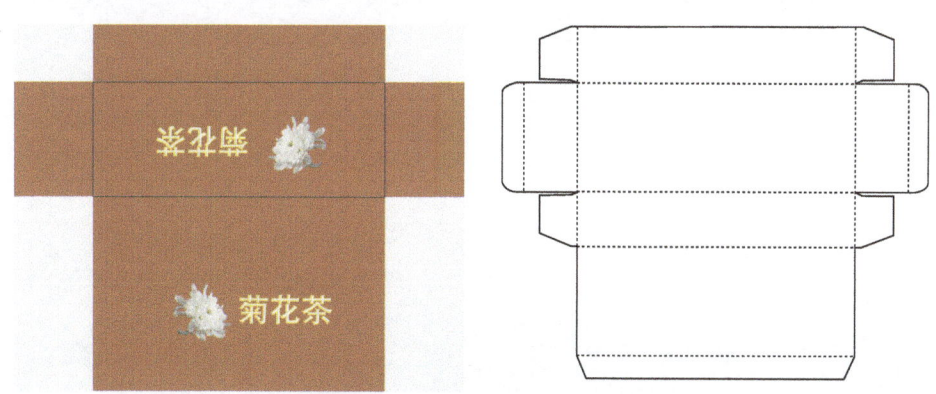

图 6－15　客户文件与厂家规格

2. 依据客户提供的菜肴图片，制作菜谱的小原版。本题目的要求是制作多画板的文件。最终的输出效果如图6-16所示。内心页面的净尺寸高度为330mm，宽度为184mm。

图6-16 菜谱内心的小原版效果

第二部分
综合技能训练

项目七　巧绘奇异五边形包装盒

项目八　喷墨印刷圣诞公益海报设计与制作

项目九　柔印一次性纸杯的设计与制作

项目十　胶印商业海报的设计与制作

项目十一　食品包装茶叶纸盒设计与制作

项目十二　胶印书封的设计与制作

项目七 巧绘奇异五边形包装盒

教学目标

(1) 熟练掌握直线工具的应用。
(2) 熟练掌握基本图形的应用。
(3) 熟练掌握参考线和智能参考线的应用。
(4) 熟悉掌握多种方式完成路径的对齐和重合。
(5) 正确判断和运用图形的逻辑运算,即路径查找器的使用。
(6) 正确使用路径文本工具。

能力目标

(1) 正确建立文件,了解文件的建立,文件颜色模式与分辨率的依据。
(2) 正确对所需的对象设置 CMYK 专色或 Pantone 专色。
(3) 正确绘制基本图形单元、特殊图形以及多个图形之间的定位与修改。
(4) 学会路径结合后的纠错和弥补。
(5) 学会使用原位复制功能。
(6) 学会使用字符工具,实现字符间的准确调节。
(7) 学会使用多种方式完成渐变颜色填充。
(8) 学会相对点旋转复制物体以及相应快捷键的应用。

知识目标

(1) 了解 AI 软件中功能键的作用。
(2) 了解印刷版面设置的要求和规范。
(3) 了解包装盒型结构的基本理论知识。
(4) 了解包装盒刀版和装潢拼版的理论知识。

项目七　巧绘奇异五边形包装盒

任务　奇异五边形包装盒的设计与制作

制作要求：

1. 制作 600mm×600mm 奇异包装盒型及装潢图形，样图如图 7-1 所示。
2. 存储为五边形包装盒 .eps 格式。

图 7-1　奇异包装盒型及装潢图形设计效果图

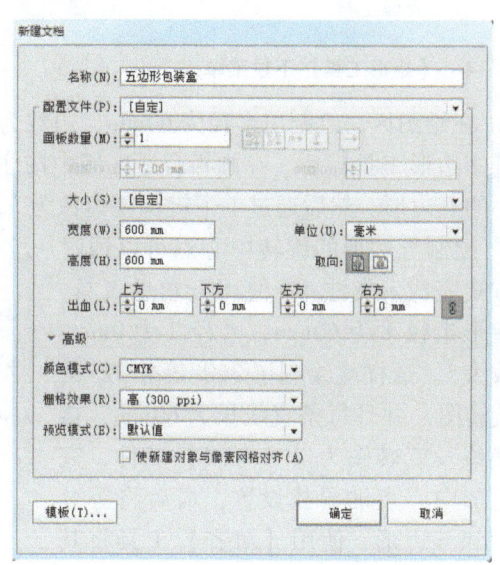

图 7-2　新建文档对话框

制作过程：

1. 在 Illustrator 界面中选择菜单栏【文件】→【新建】命令，弹出【新建文档】对话框，如图 7-2 所示。在【名称】文本框中输入文档的标题"五边形包装盒"，【大小】下拉列表框选择"自定义"，【宽度】和【高度】文本框采用 600mm×600mm，【取向】选择纵向。单击【高级】左侧的下拉菜单按钮，展开【高级】选项，在【颜色模式】下拉列表框中选择"CMYK"，【栅格效果】下拉列表框中选择"高（300ppi）"，【预览模式】下拉列表框中选择"默认值"，单击【确定】按钮。

2. 进入 Illustrator 的工作界面，如图 7-3 所示。

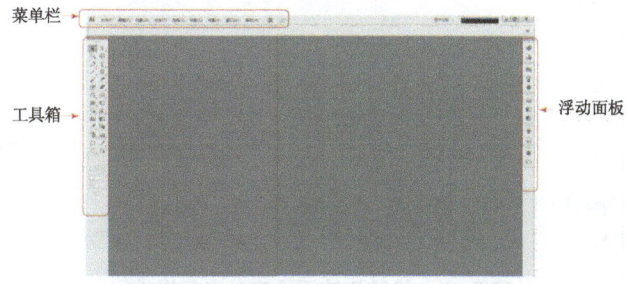

图 7-3　Illustrator CS6 的工作界面

81

3. 选择工具箱中的【多边形工具】，将鼠标放在【多边形工具】上，按住鼠标左键，在弹出如图所示的下拉菜单中选择【多边形工具】，如图7-4所示。

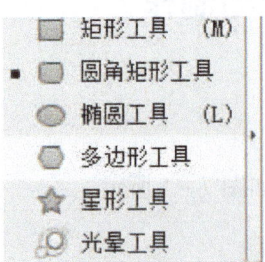

图7-4 【矩形工具】下拉菜单

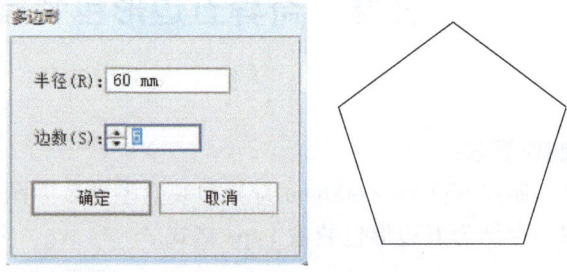

图7-5 绘制正五边形

4. 在绘图区，绘制出半径为60mm，边数为5的多边形，如图7-5所示。（方法2：选择【多边形工具】后，在画板合适区域中按住【Shift】键，同时点击并拖动鼠标绘制合适大小的五边形。然后通过上下键调整边数为5，直到成型）。

5. 绘制五边形的旋转中心点可以通过两种方式完成。方法1：使用五角星工具，设置星形半径1为60mm，半径2为0mm，角点数为5。这样就绘制了360°等分72°的线段旋转图，并且每条直线长为60mm，接着转换线段旋转图为【参考线】属性，完成五边形中心点的寻找设置，最后将等分线段图和五边形，使用【对齐】工具将其"水平居中对齐"和"垂直居中对齐"，如

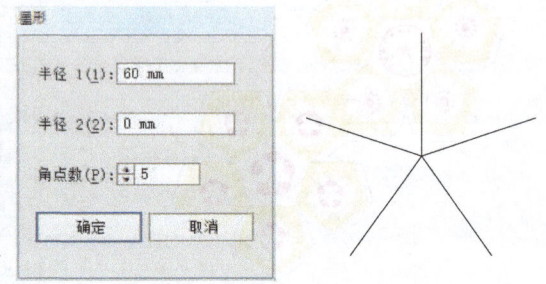

图7-6 五边形中心点参考线

图7-6所示。方法2：使用【圆形工具】，绘制五边形的外接圆，设置圆形直径为120mm，然后将五边形与圆同时选择，打开【对齐】命令对话框，将两者做"上对齐"和"垂直居中对齐"即可得到五边形中心点，最后将其圆转换为【参考线】属性，如图7-7所示。

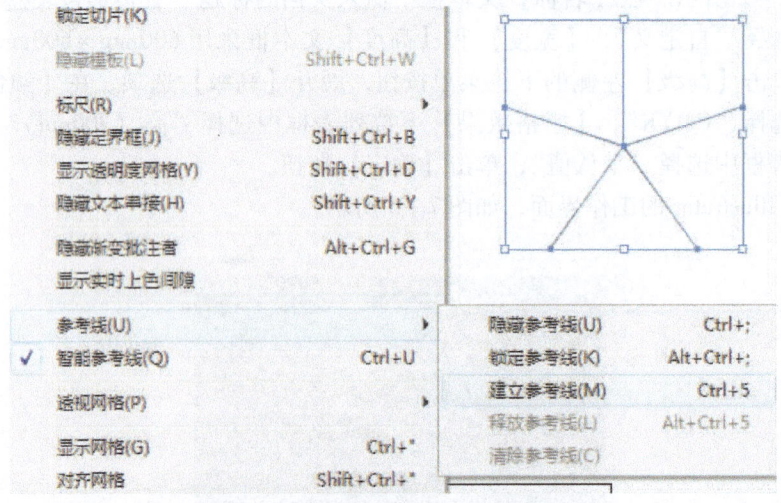

图7-7 线段旋转图设定参考线属性

6. 使用工具箱中的【镜像工具】，选中五边形及其参考线，按住【Alt】键点击五边形的靠下水平边，跳出【镜像】命令对话框。选择"水平镜像"并点击复制对象，这样就生成了倒影五边形，如图7-8、图7-9所示。

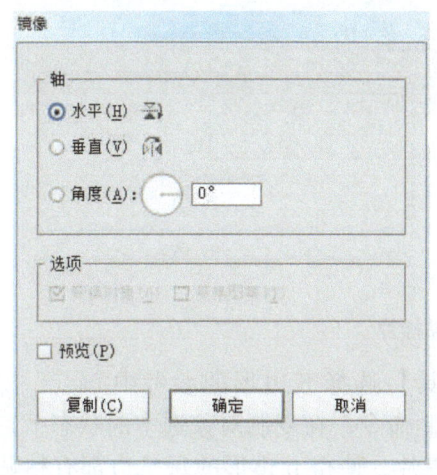

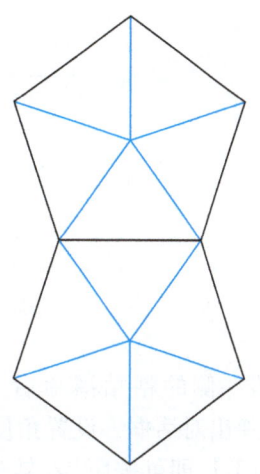

图7-8 【镜像工具】对话框　　　　　图7-9 镜像复制后的图形

7. 绘制粘贴襟片使用工具箱中的【矩形工具】，在打开【智能参考线】的状态下，选择镜像复制后的五边形其靠上水平边的左侧锚点，点击鼠标并拖动，使得鼠标点取水平边的右侧锚点，这样就会在智能参考线的提示下显示该锚点的垂直轨迹，接着将鼠标向垂直上方移动，并使其形成约束性的矩形（在此过程中鼠标不要点击，只需按住拖动）。完成后设定该矩形的高度尺寸，使用 ，将参考点设置为下面中心点，然后设置高度为10mm，如图7-10所示。

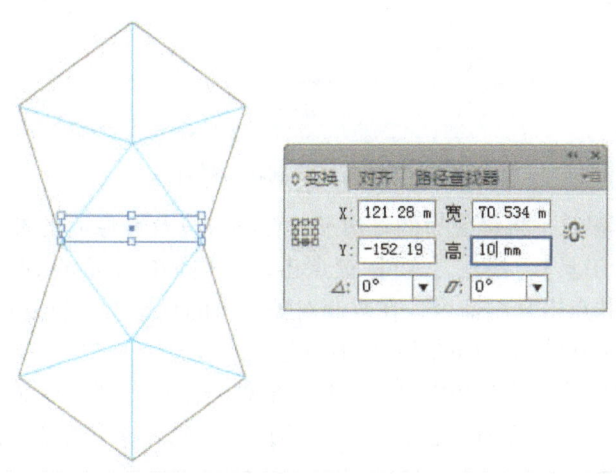

图7-10 绘制粘贴襟片并设置其高度

8. 粘贴襟片倒角使用【直接选择工具】点击该矩形的左上角锚点，通过【变换工具】，调整该点所在X轴的位置坐标，使其向内缩6mm（原X参数值±6mm），另外一侧相同，如图7-11所示。

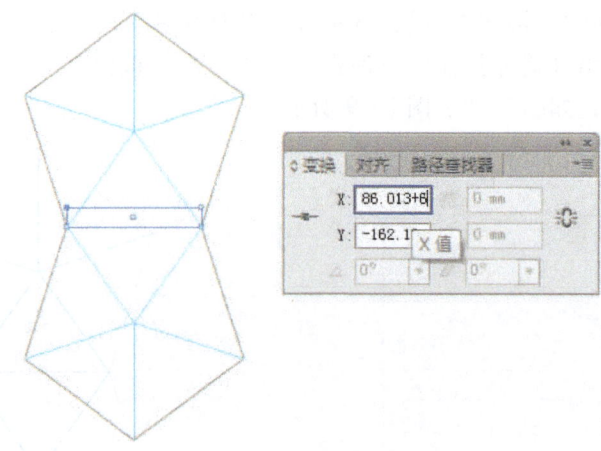

图 7－11　倒角粘贴襟片

9. 完成一侧的粘贴襟片后，通过【旋转工具】选择五边形的参考中心点，按住【Alt】键即弹出对话框，设置角度为72°并点击复制命令，在复制对象选中的状态下，重复按【Ctrl＋D】即可按照72°轨迹连续复制粘贴襟片，使得五边形的每条边都有粘贴襟片，最后删除与原五边形重合的粘贴襟片即可，如图7－12所示。

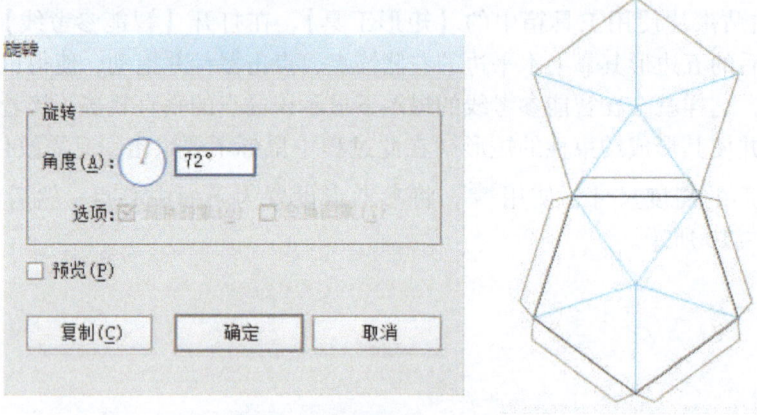

图 7－12　旋转复制粘贴襟片

10. 完成以上步骤后，将镜像后的五边形、粘贴口以及镜像后的参考线一起选中，使用工具箱中的【旋转工具】，按住【Alt】键点击原五边形的中心点即跳出【旋转】对话框，设置角度为72°并点击复制命令，在复制对象选中的状态下，重复按【Ctrl＋D】即可按照72°轨迹连续复制其结构，如图7－13所示。

11. 在旋转复制后的包装结构中每两个相间的粘贴襟片有部分区域重叠在一起，解决的方式是通过智能参考线，使用【直接选择工具】将重叠区域中的锚点拖动到两者的交叉点上，如图7－14所示。

12. 使用菜单栏中的【隐藏参考线】命令将所有参考线隐藏掉，锁定结构层。

13. 打开【图层】对话框，新建"图层2"，将绘制的6个五边形复制并选择空白"图层2"进行原位粘贴（【Ctrl＋F】）。

14. 选中6个五边形，点击工具箱中的【渐变工具】，设置五边形内部填充色由内白到外纯黄的径向渐变，颜色过渡均匀即可，如图7－15、图7－16所示。

项目七　巧绘奇异五边形包装盒

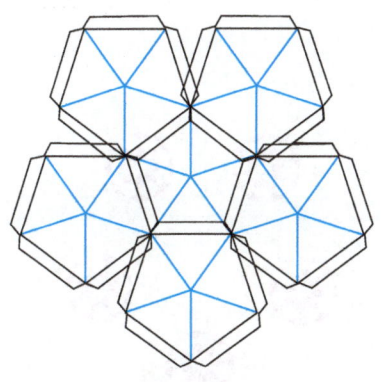

图 7－13　旋转复制后的包装结构

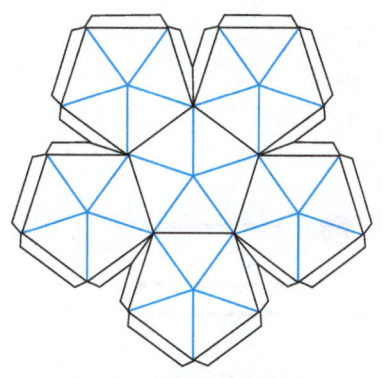

图 7－14　修改后的包装结构

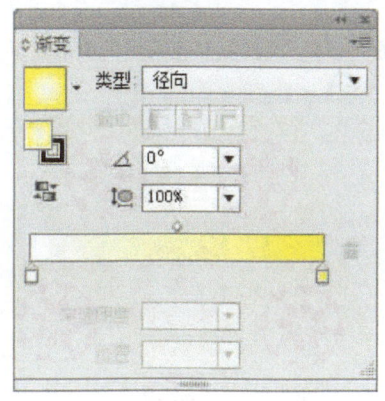

图 7－15　【渐变】设置

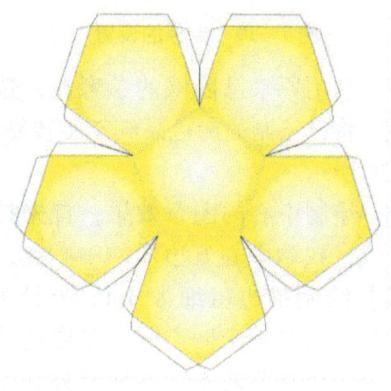

图 7－16　设置渐变后的效果

15. 绘制一朵饱满的花朵。首先，使用【圆形工具】绘制一个直径为 30mm 的圆，选择【旋转工具】，然后在【智能参考线】打开的状态下按住【Alt】键，并点击圆形下方的锚点，在跳出的对话框中设置角度为 45°，点击复制并反复按【Ctrl + D】完成复制旋转。接着可以通过路径查找器中的"排除重叠区域"命令将重叠色块去除，如图 7－17、图 7－18 所示。

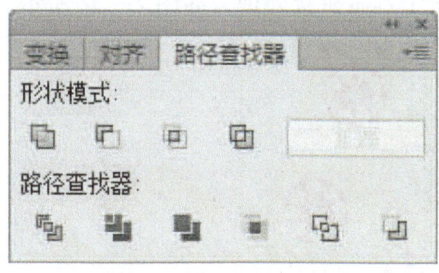

图 7－17　旋转复制 45°后的圆执行差集逻辑运算

图 7－18　花朵效果图

16. 绘制的花朵颜色设置为专色品。我们可以选中该花朵，其填充为 C0、M100、Y0、K0 的颜色。然后在【颜色】浮动面板右上角的下拉菜单中选择新建色板命令，在跳出的对话框中名称为"花朵"，颜色为"专色"，如图 7－19 所示。

85

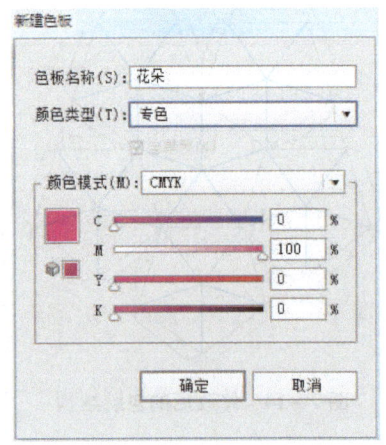

图 7-19 专色的设置

图 7-20 旋转复制花朵后的图形效果

17. 利用原来已隐藏的参考线，选择相应的旋转点，将已绘制的专色品红花旋转复制 72°，如图 7-20 所示。

18. 绘制中心的图章效果，首先打开已隐藏的参考线，找到中心五边形的中心点，使用【圆形工具】绘制描边粗细为 3pt、半径为 30mm 的圆，紧接着复制一个同心圆，并通过【路径文字工具】将其转换为艺术文本属性并在路径上输入"图形创意设计永远在您身边"字样，字体为黑体即可。然后使用【五角星工具】，按住【Shift + Alt】键绘制一个大小适中的正五角星。最后将描边、路径文字、五角星设置颜色为专色品，并且将文字转曲，如图 7-21 所示。

图 7-21 图章制作效果图

19. 分别复制出结构层和图案层中的内容，并统一使用【旋转工具】顺时针旋转 36°，并且将两者使用智能参考线工具做拼接处理，如图 7-22 所示。

图 7-22 拼接后的效果

20. 删除复制图形中的花朵和图章，绘制一个新的图案并将其放在相应的位置，如图 7-23 所示。步骤如下：

图 7-23 包装盒胚效果图

（1）使用【椭圆工具】绘制一个扁而长的椭圆，其颜色填充为品红色，然后将其自身中心逆时针旋转 20°，如图 7-24 所示。

（2）使用【旋转工具】将椭圆以 30°旋转复制，旋转点为自由变换点的左下角点，如图 7-25 所示。

（3）将该图形原位复制并缩小 30% 且旋转 15°，同时颜色设置为白色。如图 7-26 所示。

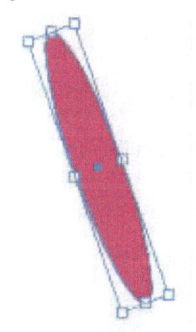  

图 7-24 椭圆绘制与旋转　　图 7-25 椭圆旋转复制后的效果图　　图 7-26 调整后的效果

（4）如上步骤所示，再缩小一个旋转复制椭圆并填充为品红色，得到最终效果，如图 7-27 所示。

21. 绘制包装模切板结构图。使用【选择工具】选中 10 个五边形以及所有的粘贴襟片（除中心的两个五边形），通过【路径查找器】中的图形相加命令，将所有封闭路径合成为一个大的封闭路径图形。该操作的目的是为了使绘制包装盒型结构线不重叠。合并为一个封闭路径后，图形会保留下原有交错线条留下的锚点，此时在确保打开【智能参考线】的同时，使用【直线工具】添加直线，全部添加完成后，通过描边属

图 7-27 花朵最终效果

87

性中的虚线设置，将折线设置为6pt虚线即可，如图7-28、图7-29所示。

图7-28 封闭路径合成后效果

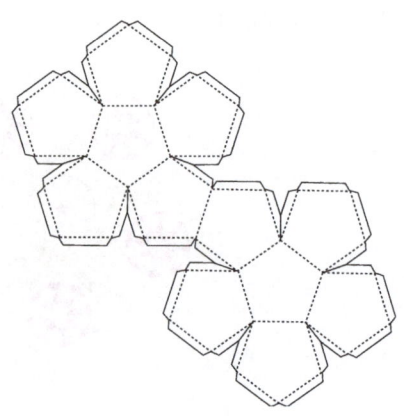

图7-29 添加线性后的包装结构图

22. 将包装结构图层提炼出来。可以通过浮动面板中的【图层工具】，也可以在菜单栏中的【窗口】→【图层】打开图层命令，新建"图层2"并改名为结构层，将设计好的包装结构线全部选中，剪切并原位复制到结构层中，然后将结构层的结构线设置为专色青，方法如同步骤15，如图7-30所示。

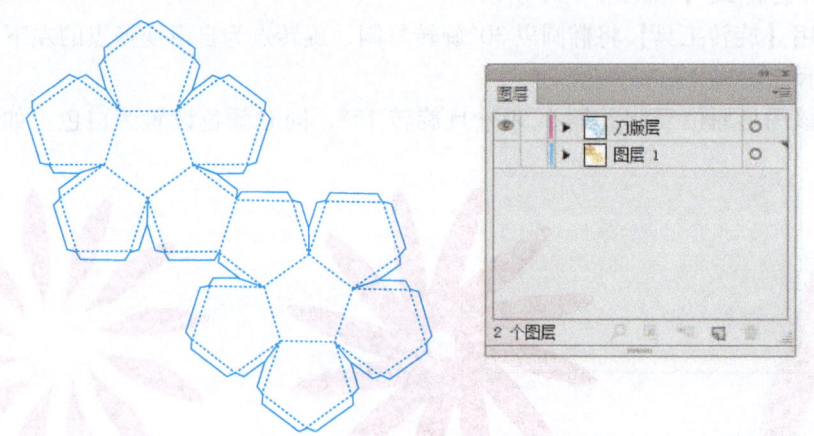

图7-30 图层和结构线设置

23. 将"图层1"设置为"印刷层"，并将花纹以及底色原位复制到该层中，然后用同样的方法，将印刷层下再分为专色印刷层和四色印刷层，并归类相应设计图形，如图7-31所示。（注：专色印刷图层会在RIP的时候自动将底层留白，但是必须要做陷印，防止由于套色不准而产生露白现象，由于AI本身自动不能完成渐变色与专色的陷印，因此在此我们就不演示了。）

24. 最后考虑印刷色黄色渐变的出血，将除中心外的五边形同时选中，对其执行【对象】→【路径】→【偏移路径】操作。在对话框中输入1.5mm即可（一般这类包装使用胶印的情况下），如图7-32所示。

25. 制作完成后使用【文件】→【保存】命令，格式设置为.eps。

项目七　巧绘奇异五边形包装盒

图 7-31　最终图层效果图

图 7-32　出血设置和效果

技 能 训 练

1. 操作条件

图形制作软件 Illustrator CS5 或 CorelDraw X5。

2. 操作内容

按要求制作异形卡通包装（包括印刷面和刀版图），其尺寸为 230mm×110mm，如图 7-33 所示。

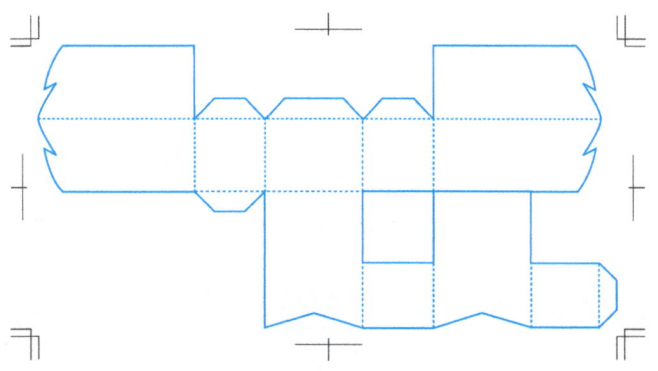

图 7-33　异形卡通包装刀版文件

3. 操作要求

(1) 制作单个异形卡通包装的刀版文件,按要求设置刀版线的粗细和颜色。
(2) 设置包装盒印刷面的准确大小和颜色。
(3) 使用钢笔工具或基本图形工具绘制卡通形象。
(4) 按要求填充图案和制作图形效果并符合印刷基本条件。
(5) 对使用的专色部分做补漏白工艺。
(6) 按要求制作 SPPC 卡通 LOGO,学会使用自有变形工具。
(7) 存储为"异形卡通包装.eps"。
(8) 样图如图 7-34 所示。

图 7-34　单个文件制作图形

项目八　喷墨印刷圣诞公益海报设计与制作

教学目标

(1) 熟练掌握直线工具的应用。
(2) 熟练掌握基本图形的应用。
(3) 熟练掌握参考线和智能参考线的应用。
(4) 熟练掌握海报印刷尺寸的设定。
(5) 正确判断和运用软件中已有图形库、符号库、画笔库。
(6) 正确使用效果图形变换。

能力目标

(1) 正确建立文件，了解文件的建立、文件颜色模式与分辨率的依据。
(2) 正确对所需的对象设置 CMYK 专色或 Pantone 专色。
(3) 正确绘制基本图形单元、特殊图形以及多个图形之间的定位与修改。
(4) 学会路径结合后的纠错和弥补。
(5) 学会使用原位复制功能。
(6) 学会使用字符工具，实现字符间的准确调节。
(7) 学会使用多种方式，完成渐变颜色填充。
(8) 学会相对点旋转复制物体以及相应快捷键的应用。

知识目标

(1) 了解海报制作的必要元素特点。
(2) 了解 AI 软件中功能键的作用和位置。
(3) 了解印刷用稿版面设置的要求和规范。
(4) 了解海报印刷的方式和印刷基本流程。
(5) 了解海报小版的制作。

任务　圣诞海报的设计与制作

制作要求：

1. 制作 400mm×580mm 图形，样图如图 8-1 所示。
2. 存储为"圣诞快乐开怀.eps"。

图 8-1　圣诞海报设计效果图

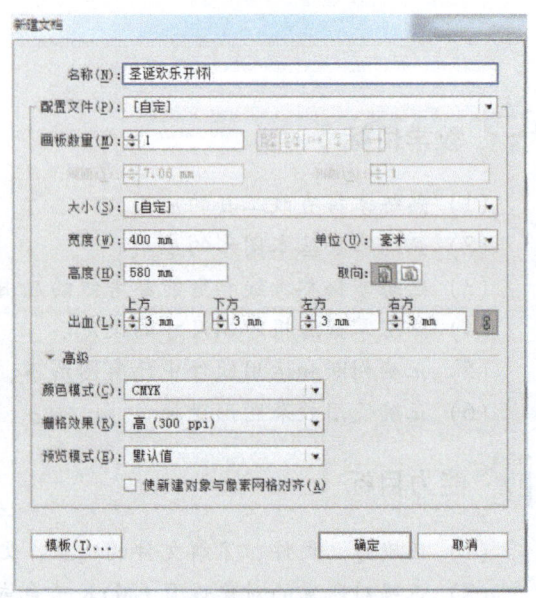

图 8-2　新建面板

制作过程：

1. 选择菜单栏【文件】→【新建】命令，创建一个名称为"圣诞欢乐开怀"并且净尺寸为 400mm×580mm 的版面，上下左右出血都为 3mm，同时设置颜色模式为 CMYK，栅格化为 300ppi 即可，如图 8-2 所示。

2. 绘制海报背景，由于背景最后需要裁切，因此需要在已设置的画板中考虑出血绘制。方法1：点击工具箱中的【矩形工具】，设置其大小为（400mm+6mm）×（580mm+6mm），打开智能参考线的同时，将绘制的矩形框套入版面中的红色线框上（方法2：在打开智能参考线的状态下，使用【矩形工具】，鼠标由左上角点到右下角点拖动绘制该大小的矩形框），最后填充该色块为 C100、M80、Y0、K0，描边填充为无色，如图 8-3 所示。

3. 装饰边框的设计首先选中刚设置的矩形框，使用菜单栏中的【对象】→【路径】→【偏移路径】，设定偏移尺寸为 -20mm，并且去除该填充颜色，在选中该路径的状态下，使用菜单栏中的【窗口】→【画笔库】→【边框】→【边框装饰】，在下拉菜单中找到"鸢尾形"装饰效果，并且调整描边粗细为 1.6pt，如图 8-4 所示。

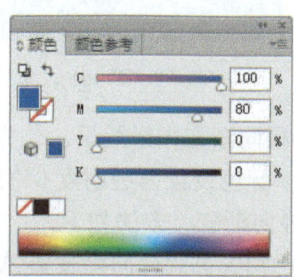

图 8－3　颜色设置背景图

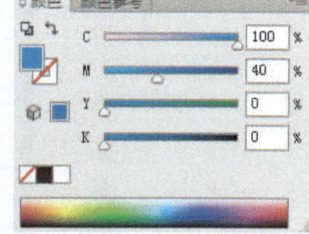

图 8－4　边框装饰效果　　　　　　图 8－5　边框颜色的设定

4. 装饰边框颜色修改，首先选中装饰边框，点击菜单栏中的【对象】→【扩展外观】命令，使其装饰由描边属性更改为图形路径属性，然后使用工具箱中的【直接选择工具】点击装饰边框上的任意一点蓝色（由于面积过细过窄，可以将屏幕放大后修改），在选择的状态下，使用菜单栏中的【选择】→【相同】→【填充颜色】更改颜色为 C100、M40、Y0、K0，最后，使用【选择工具】选中该边框纹理，使用菜单栏中的【效果】→【风格化】→【外发光】效果，设置为白色发光即可（在做发光效果之前请先检查边框纹理中间是否有填充，如有填充，必须将其去掉）如图 8－5 所示。

5. 绘制漫天飞雪，首先使用菜单栏中的【窗口】→【符号库】→【艺术纹理】，在下拉菜单中寻找到以"点刻"命名的纹理，将其拖到画板中。然后，将其缩放到合适的大小后，使用菜单栏中的【对象】→【扩展】，将原有的符号属性更改为图形路径属性。最后，通过工具箱中的渐变工具设置"点刻纹理"，整体色由 100% 不透明度的白色到 0% 不透明度的白色，使其有层次性过渡效果，这样就设计出漫天飞雪的效果，如图 8－6 所示。

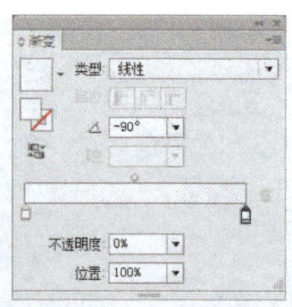

图 8-6　漫天飞雪效果图

6. 绘制中心径向渐变光晕效果，首先使用工具箱中的【椭圆形工具】绘制正圆，设置其直径 185mm，颜色设置为透明度 0% 的白色到透明度 100% 的白色，或者也可以设置白色到底色蓝的径向渐变，方法如下。

（1）制作白色到底色蓝径向渐变方式为：选择该圆，打开【渐变】浮动面板，用工具箱中的【吸管工具】点击背景色上任意一点，完成后将工具箱下拾取到的填充颜色拖动到渐变条上，如图 8-7 所示。

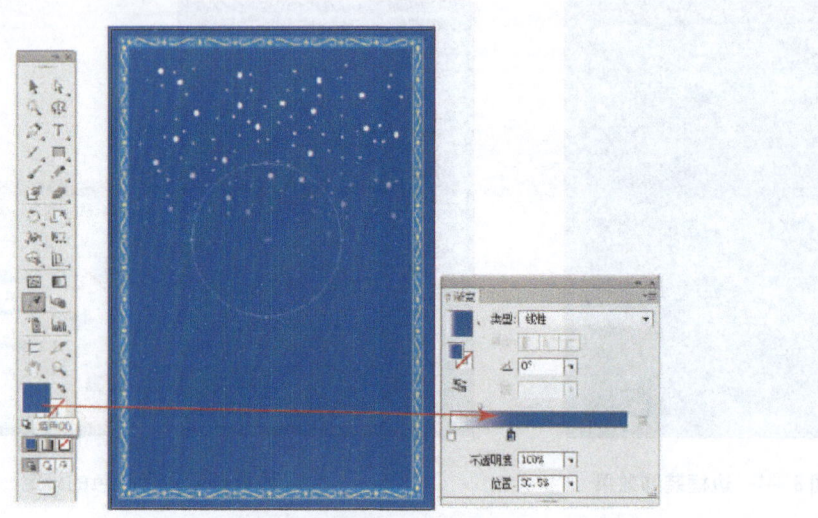

图 8-7　光晕颜色设置

（2）调整该圆的颜色渐变类型为径向，滑块由白色到背景蓝色，如图 8-8 所示。

7. 绘制大闪烁效果时，首先使用【椭圆工具】绘制一个正圆，填充色为白色，然后选择该圆，使用菜单栏中的【效果】→【扭曲和变换】→【波纹效果】命令，通过改变它的"大小"和"每段的隆起数"达到如图 8-9 所示的效果。随后更改图形为白色，且透明度为 30%。最后，绘制的大闪烁通过【对象】→【扩展】，将路径沿着显示的效果表现出来，如图 8-10 所示。

图 8-8　渐变圆的设置结果

项目八　喷墨印刷圣诞公益海报设计与制作

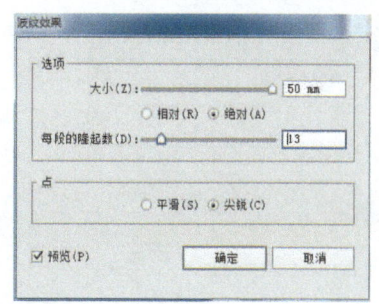

图 8-9　波纹效果的设置

图 8-10　波纹的最终效果

8. 艺术文字制作，首先通过工具箱中的【文字工具】，使用艺术文本方式录入文字"圣诞欢乐开怀"字样，其文字分两行且居中对齐，字体设置为"方正粗圆"并且创建轮廓。然后，选择该字体，使用菜单栏中的【效果】→【变形】→【弧形】命令，设置为"水平弯曲18％"，如图 8-11 所示。

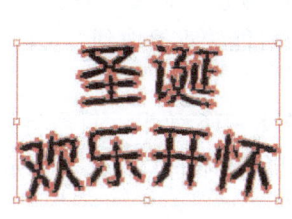
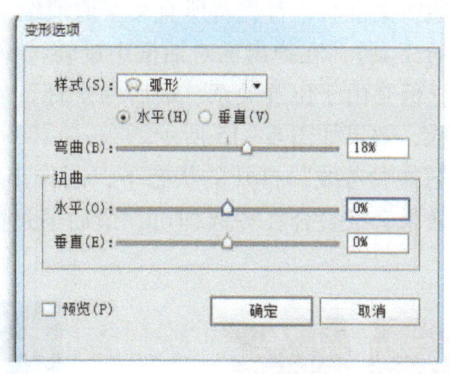

图 8-11　变形后文字效果

9. 将制作好的"圣诞欢乐开怀"复制一个放置一旁，然后将原文字选择后按住【Alt】键稍微拖动鼠标向右下角偏移一点并且复制，接着将底层的每个文字设置为由上纯黄色至下橘黄色的渐变效果（千万不要用工具箱中的【渐变工具】强制拉垂直渐变），随后将复制偏移在其上层的文字设置填充为无色，描边为白色的效果，文字描边为2pt。最后选择两层文字，使用菜单栏中的【效果】→【风格化】→【投影】命令，分别更改 X \ Y 位移为2mm，如图 8-12 及 8-13 所示。

95

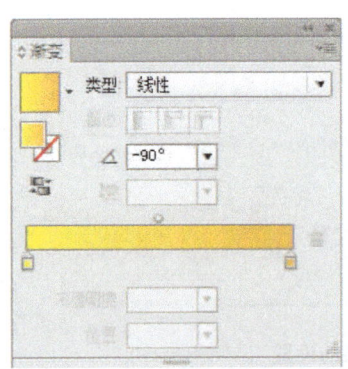 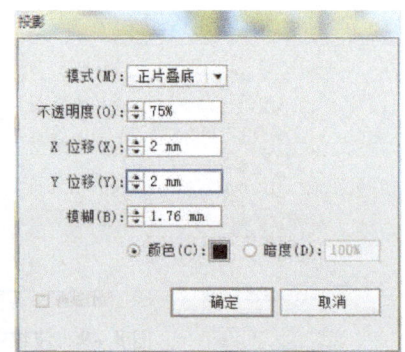

图 8-12　渐变与投影设置

 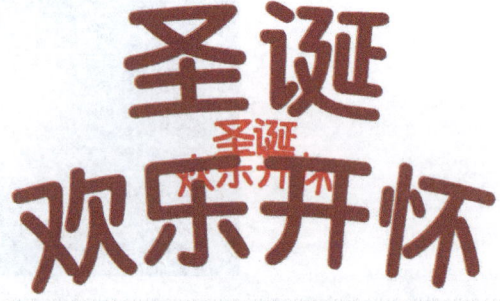

图 8-13　文字制作效果图　　　　图 8-14　文字叠压位置和颜色效果

10. 将最初复制出来放置一旁的文字复制一个并中心缩小,其中较大的文字颜色设置为 C0、M100、Y100、K50,较小文字颜色设置为 C0、M100、Y100、K0,并且较大文字在上,较小文字在下,如图 8-14 所示。

11. 制作透明文字时,首先将所有文字取消编组,形成单个独立的文字,然后使用工具箱中的【混合工具】,在弹出的对话框中旋转"平滑颜色"命令,使其每个从大到小的文字完美过渡,但是由于位置关系,最后的"怀"字可能较难拾取到,可以通过前后排列层次的变化拾取,效果如图 8-15 所示。

12. 在"智能参考线"打开的状态下,制作出图 8-16 效果,只需将第 9 步和第 11 步制作的文字效果套准叠合在一起即可,最后通过配合整体放大工具来完成,如图 8-16 所示。

图 8-15　立体文字效果　　　　图 8-16　文字制作效果图

13. 制作红色彩带及文字，首先使用菜单栏中的【窗口】→【画笔库】→【装饰】→【装饰_横幅和封条】命令，在跳出的对话框中选择"横幅2"，通过鼠标将其拖动到画板上。然后通过双击该图形进入版面隔离区将外框删除即可，接着对每个封闭路径根据情况设置线性渐变，颜色为深红到大红再到深红的效果，最后对该横幅使用菜单栏中的【效果】→【变形】→【弧形】命令，在对话框中设置其"水平弯曲18%"效果，如图8-17及图8-18所示。

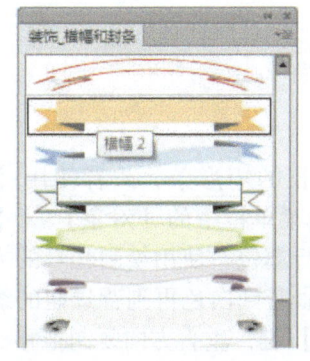

图8-17 装饰_横幅和封条浮动面板

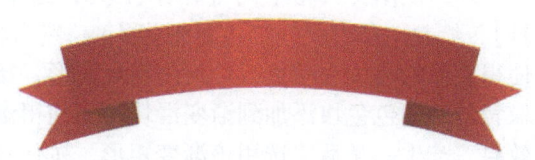

图8-18 彩带横幅的效果

14. 制作彩带上的文字，首先使用【文字工具】，以艺术文本的方式录入文字"MERRY CHRISTMAS"，并将字体更改为"book antiqua"，然后使用菜单栏中的【效果】→【变形】→【弧形】命令，设置为"水平弯曲18%"效果，并且通过【对象】→【扩展】将路径适配于文字，最后将文字摆放在彩带横幅上方即可，如图8-19所示。

图8-19 彩带横幅效果图

15. 制作投影有两种方法。方法1：首先使用工具箱中的【椭圆工具】，设置宽为170mm、高为25mm的扁形椭圆，该颜色为C100、M100、Y100、K100的颜色色块，在选中该椭圆的同时，将设置的颜色色块拖入两个渐变浮动面板渐变条上，然后将右侧的滑块透明度改为100%并使用径向渐变。随后，就能在椭圆上观察到渐变效果。但是，由于图形软件中默认的径向渐变效果一般都是正圆，因此可以拖动画板上的渐变形状节点调整改变渐变尺寸为宽170mm、高25mm的椭圆，如图8-20所示。方法2：绘制一个宽为170mm、高为25mm的扁形椭圆，填充颜色为C100、M100、Y100、K100，然后使用菜单栏中【效果】→【风格化】→【羽化】命令，羽化数值设置为14mm，即可产生和方法一同样的效果。

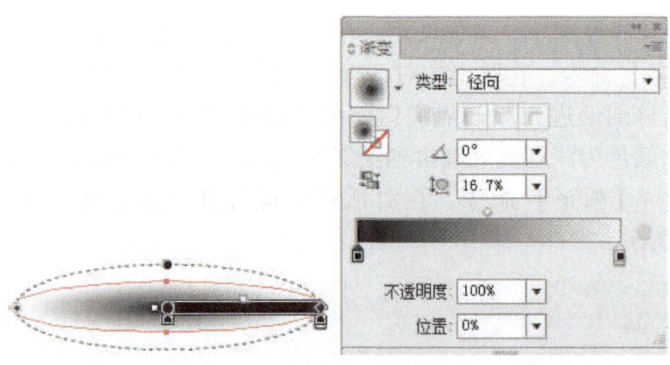

图8-20 渐变设置方法

16. 使用工具箱中的【矩形工具】绘制一条扁而长的矩形条,或者使用【直线工具】,绘制一条直线,描边粗细为4pt,然后将直线使用菜单栏中的【对象】→【扩展】,使得直线的描边属性更改为封闭路径图形,接着对其进行填色,使用绘制光晕的方式,拾取背景的颜色色块添加到渐变滑块上,使得渐变色由背景蓝到白色再到背景蓝的线性渐变效果,产生一条后,选用该渐变矩形,按住【Alt+Shift】键,垂直方向复制拖移一个,如图8-21及图8-22所示。

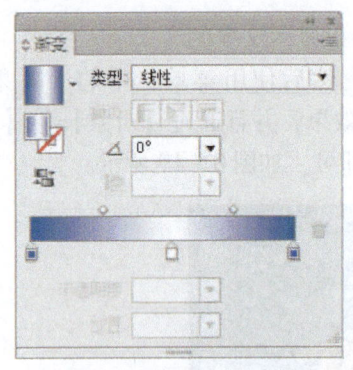

图8-21 矩形条的颜色设置

图8-22 矩形条最终效果

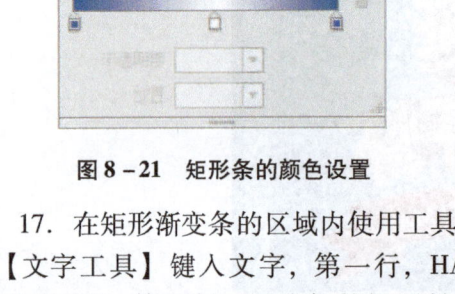

图8-23 文字设计效果

图8-24 分隔线最终效果

17. 在矩形渐变条的区域内使用工具箱中的【文字工具】键入文字,第一行,HAPPY NEW YEAR;第二行,愿我们的祖国繁荣昌盛,字体分别设置为Arial字体和黑体,接着打开菜单栏中的【窗口】→【文字】→【字符】菜单或者使用快捷键【Ctrl+T】打开字符浮动面板,将字距调整为100。完成后将其两者居中对齐,并将文字转为曲线轮廓,如图8-23所示。

18. 最后绘制一条画龙点睛的符号即完成整个海报制作。使用菜单栏中的【窗口】→【画笔库】→【装饰_文本分隔线】效果中的"文本分隔线21",将其拖动到画板上,并将其缩放到合适大小。使用【直接选择工具】和【颜色】工具更改显示效果为白色,如图8-24所示。

19. 完稿后以eps格式保存该文件,使用菜单栏中的【文件】→【储存】命令,输出EPS文件。同时我们可以通过菜单栏中的【导出】命令,以画板的方式保存该图形为JPG

格式，如图 8-25 所示。

图 8-25　海报最终效果图

技 能 训 练

1．操作条件

图形制作软件 Illustrator CS5 或 CorelDraw X5。

2．操作内容

（1）按要求制作啤酒标贴，其大小为 120mm×150mm；

（2）在胶版纸上输出 350mm×420mm 的印刷拼版文件（图 8-26）和相应的刀版文件（图 8-27）。

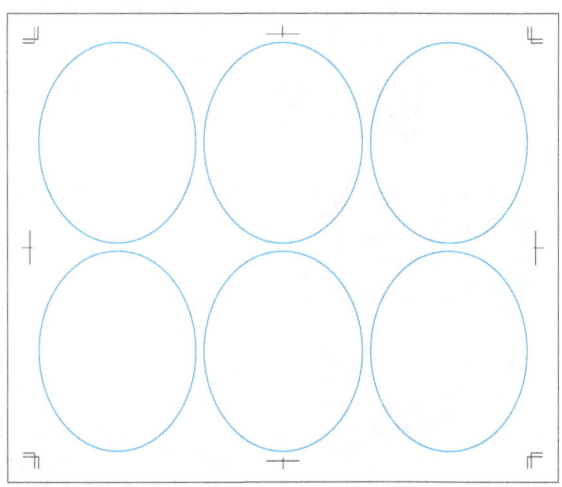

图 8-26　酒标贴刀版文件

图 8-27 酒标贴拼大版文件

3. 操作要求

（1）制作椭圆，按要求填充颜色和边线。

（2）椭圆底色按要求填充波浪线。

（3）文字按要求制作。

（4）商标根据样图要求制作，金属质感和水晶效果明显。

（5）按要求填充图案和制作阴影效果。

（6）对专色做补漏白工艺。

（7）按要求制作花纹。

（8）存储为"啤酒标贴.eps"。

（9）样图如图 8-28 所示。

图 8-28 标签样张效果

项目九　柔印一次性纸杯的设计与制作

🔍 教学目标

(1) 熟练掌握直线工具的应用。
(2) 熟练掌握基本图形的应用。
(3) 熟练掌握参考线和智能参考线的应用。
(4) 熟悉掌握多种方式完成路径的对齐和重合。
(5) 正确判断和运用图形的逻辑运算，即路径查找器的使用。
(6) 正确使用路径文本工具。

📝 能力目标

(1) 正确建立文件，了解文件的建立、文件颜色模式与分辨率的依据。
(2) 正确对所需的对象设置 CMYK 专色或 Pantone 专色。
(3) 正确绘制基本图形单元、特殊图形以及多个图形之间的定位与修改。
(4) 学会使用软件中陷印工具。
(5) 学会使用路径替换工具。
(6) 学会纸杯尺寸并制作。
(7) 学会封闭路径转开放路径并再修改。
(8) 学会使用路径连接工具的应用和快捷方式。

☺ 知识目标

(1) 了解拼版的方式和拼大版所需注意的问题。
(2) 了解柔印印刷方式和基本印刷流程。
(3) 了解柔印网点的表现特点。
(4) 了解柔印纸杯的印刷方式。
(5) 了解纸杯的机械合成流程。

任务 一次性纸杯的设计与制作

制作要求：

1. 已知一次性纸杯基本尺寸为高100mm、杯口直径100mm、杯底直径70mm，使用软件Illustrator制作结构。

2. 存储为"一次性纸杯制作.eps"，样图如图9-1所示。

图9-1 一次性纸杯设计效果图

制作过程：

1. 在Illustrator界面中选择菜单栏【文件】→【新建】命令，弹出【新建文档】对话框，如图9-2所示。在【名称】文本框中输入文档的标题"一次性纸杯制作"，【大小】下拉列表框选择"自定"，【宽度】和【高度】文本框采用600mm×300mm，【取向】选择纵向。单击【高级】左侧的下拉菜单按钮，展开【高级】选项，在【颜色模式】下拉列表框中选择"CMYK"，【栅格效果】下拉列表框中选择"高(300ppi)"，【预览模式】下拉列表框中选择"默认值"，单击【确定】按钮。

2. 使用工具箱中的【直线工具】绘制3根直线，分别为长100mm和70mm水平直线，垂直直线为100mm，并将所有直线居中对齐，然后在打开智能参考线的状态下，将100mm的直线向上移动到垂直直线的顶端，将70mm的直线向下移动到垂直直线的底端，使其形成"工"字样，如图9-3所示。

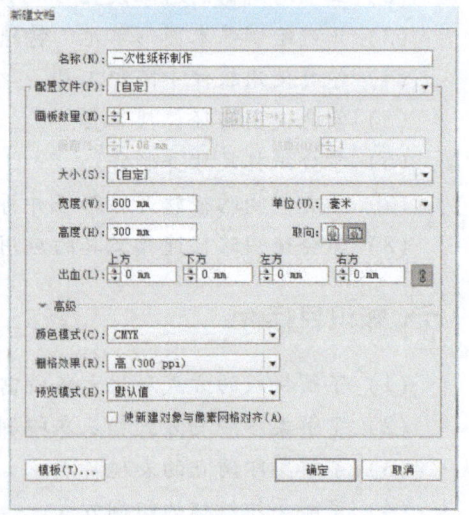

图9-2 新建面板设置

3. 在打开智能参考线的状态下，使用工具箱中的【直线工具】，将左侧两个锚点和右侧两个锚点分别连接在一起，形成倒等腰梯形，如图9-4所示。

图9-3 纸杯基本尺寸造型图　　　　　图9-4 杯体侧面图

4. 纸质纸杯展开前将两侧的斜线在向下的延长线上相交，步骤如下：

（1）将左侧的斜线选中，然后打开菜单栏中的【窗口】→【变换】浮动面板，选择浮动面板上的9个参考点中最上方任何一个点，然后按下"约束宽度和高度比例"按钮，将斜线原来高100mm的数值改为400mm，目的是使得斜线超过中轴线，接着用同样的方式将右侧的斜线以同样的方式延长。

（2）打开智能参考线，用工具箱中的【选择工具】直接点击斜线上方锚点，并拖动其锚点重合水平100mm长线段左侧锚点，以此方式将右侧的斜线移动到水平100mm长线段右侧锚点。

（3）将中轴线下方延长到斜线交叉点即可。

（4）最后把斜线超出的部分用工具箱中的【剪刀工具】删除或者直接用【选择工具】缩短至交叉点，如图9-5所示。

5. 使用工具箱中的【椭圆形工具】，以延长线的交叉点为中心点，斜线到70mm长水平线交叉点为半径，绘制一个正圆，并将正圆颜色设置为红色，然后，在以延长线的交叉点为中心点，斜线到100mm长水平线交叉点为半径，绘制一个更大的正圆，并同样将正圆的描边颜色设置为红色，如图9-6所示。

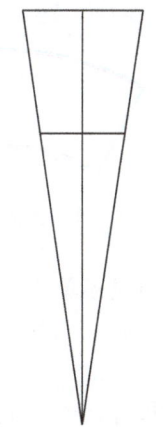
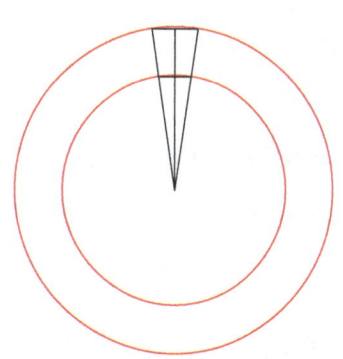

图9-5 斜线延长线相交图　　　　　图9-6 同心圆绘制示意图

6. 纸杯展开后为扇形，通过以下方法计算出相应扇形尺寸。计算方法如下：

（1）测量斜线的长度，通过变换数据中的高和宽数值，可以得知斜线长为337mm。

（2）已知杯口直径为100mm，因此我们可用公式：杯口直径÷外圆直径×360°＝100÷674×360°＝53.4°计算旋转角度。

7. 选中左侧斜线，使用工具箱中的【旋转工具】，鼠标移动到斜线交叉点，按【Alt】键，在跳出的对话框中输入旋转角度为53.4°并且点击复制，如图9－7所示。

8. 绘制纸杯展开图包边和粘贴口结构，使用菜单栏中的【对象】→【路径】→【偏移路径】命令，分别将小圆向内偏移5mm，大圆向外偏移5mm，两侧的斜线中心点不变，延长它们的长度，使得它们末端超出大圆即可。最后将靠近中垂线左侧的斜线向右平移并复制一条，移动距离数值为10mm，如图9－8所示。

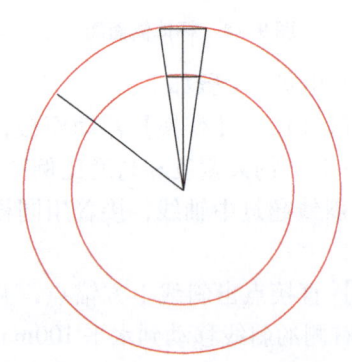
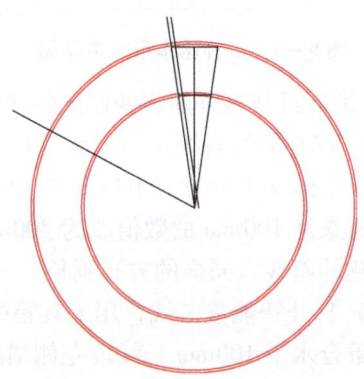

图9－7　旋转53.4°后的图形　　　　　　图9－8　未裁切纸杯结构

9. 使用菜单栏中的【窗口】→【路径查找器】，将图形全部选中执行分割命令，最后将53.4°红圈所围成的扇形留下，其余全部删除，如图9－9所示。

10. 将留下的扇形旋转到水平位置，并且通过颜色明确区域，由于图形的切割，每块区域都变成了封闭路径，必须打断路径重新编整。首先，使用工具箱中的【剪刀工具】打断所有的路径节点，删除重合的路径，接着使用菜单栏中的【对象】→【路径】→【连接】命令或者使用快捷键【Ctrl＋J】完成两个锚点的连接，最后外框的颜色更改为黑色，如图9－10所示。

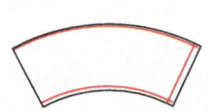
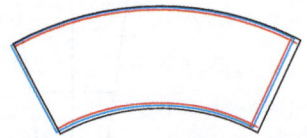

图9－9　最终切割保留下部分　　图9－10　更改后效果图　　图9－11　出血线添加后效果图

11. 制作印刷区域出血，选中红色所在的区域，将其路径通过菜单栏中的【对象】→【路径】→【偏移路径】向外偏移3mm，目的是为了做印刷区域的出血线，如图9－11所示。

12. 完成以上操作后，所有的模切尺寸、印刷尺寸、视觉尺寸已经绘制完成，接下来绘制印刷图层的内容。

13. 绘制主题图案，使用工具箱中的【螺旋线工具】，在弹出的对话框中将螺旋线半径设置20mm、衰减为80%、段数为10、样式为右侧旋转螺纹，点击确定，如图9－12所示。紧接着将螺旋线设置描边颜色为C50、M80、Y0、K0，并将描边加粗设置为6pt，同时在描边属性中端点设置为圆形端点,如图 9-12 及图 9-13 所示。

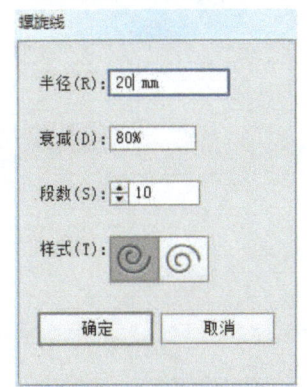

图 9-12 螺旋形设置参数

图 9-13 螺旋形设置及样式

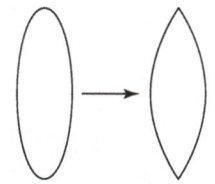

图 9-14 椭圆形到叶子形状的转变

14. 在螺旋线上添加 4 片大小不一的叶子,使用工具箱中【椭圆形工具】绘制椭圆,然后用【钢笔工具】下的【转换锚点工具】,分别点击椭圆的上方和下方节点,设置填充颜色为 C50、M80、Y0、K0,描边颜色为无色,最终效果如图 9-14 所示。

15. 以上两步操作完成后,将叶子复制调整到适当大小摆放到合适位置,并与螺旋线组合为整体图案。如图 9-15 所示。

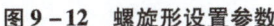

图 9-15 最终叶子的绘制效果

16. 将绘制好的主题图案全部选中,使用菜单栏中的【对象】→【扩展外观】命令,将所有的描边路径和填充路径更改为封闭路径,然后将其通过【颜色】浮动面板右上角的下拉菜单"创建新色板",将颜色设置为专色,如图 9-16 所示。

17. 绘制 LOGO,使用工具箱中的【文字工具】在画布上输入 LIFE 文字,并将字体设置为汉仪双线简体,点击文字右击鼠标,选择"创建轮廓",然后,绘制 LOGO 授权符号"R",字体设置为 Airal。同样将其文字"R"创建轮廓,然后使用【椭圆形工具】绘制适当大小的正圆,并将正圆设置描边为 0.5pt,【对象】→【扩展】将正圆转换成复合路径圆,如图 9-17 所示。

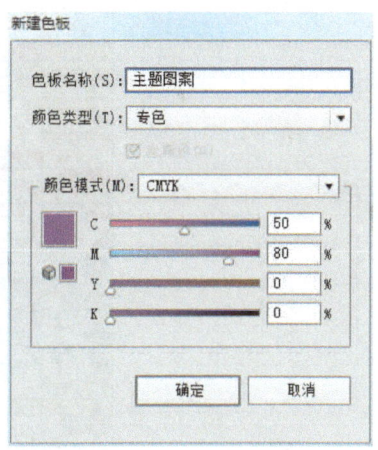

图 9-16 专色设置

18. 设置 LOGO 的颜色,打开【窗口】→【色板】,选择【色板】的右上角"小三角形"打开【色板库】→【色标簿】→【PANTONE solid coated】,选择【色标簿】右上角【显示查找栏位】,输入"PANTONE DS 290—1 C"如图 9-18 及图 9-19 所示。

图 9-17 文字效果图

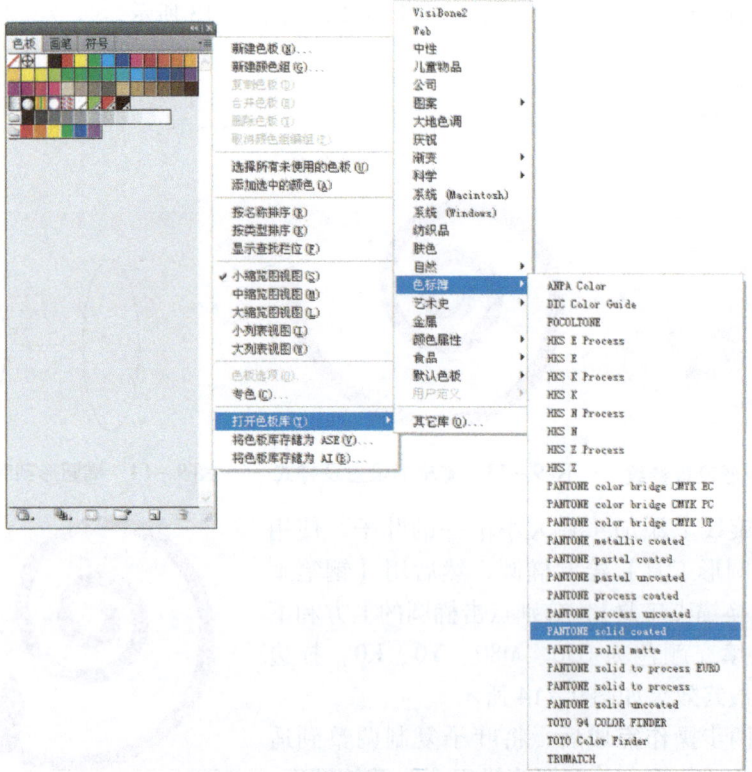

图 9-18 PANTONE 专色的设定方式

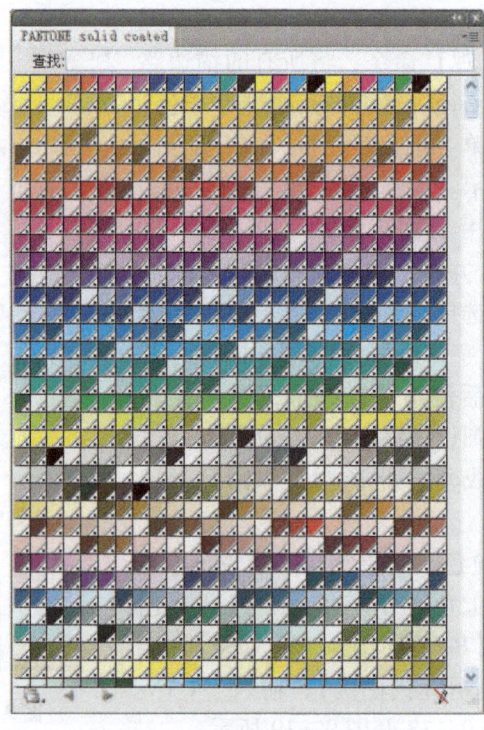

图 9-19 PANTONE 专色查找表

19. 将设置好的主题图案和 LOGO 编组在一起,并使其按照弧形等分地排列在印刷面上,如图 9－20 所示。

图 9－20　排列方式

20. 下边缘的底纹效果使用工具箱中的【钢笔工具】和【椭圆工具】等绘制花朵与底纹,然后间距为 0 复制移动了三个一样的图形,并使用菜单栏中的【效果】→【变形】→【弧形】命令完成,最后设置颜色为 C0、M40、Y100、K0,并将其设置为专色,这部分内容不细讲解,希望学习者根据所教的内容,总结后完成,绘制过程中要注意的是将该图形在蓝色出血下完成,如图 9－21 所示。

图 9－21　底边最终效果图　　　　　图 9－22　纸杯展开最终效果图

21. 最终绘制好的图案效果如图 9－22 所示,保存为 EPS 格式。
22. 使用 AI 软件进行拼版。

(1) 拼版页面计算：采用 4 开柔印,8 开的纸张为 440mm×590mm,光边后的实际尺寸为 420mm×580mm。原版的实际大小为 318mm×138mm,则拼版确定为横向两联,纵向两联,则文件应建立 420mm×580mm。

(2) 打开 AI 软件,新建一个宽为 420mm,高度为 580mm 的文档,颜色模式为 CMYK。

(3) 打开视图中的标尺,将坐标原点定位在文档的左下角。

(4) 印刷版面拼版。首先复制原版文件,粘贴到文件中并以坐标点作为定点,定位在 X－3mm、Y0mm。再次粘贴一个原版文件,以坐标点作为定点,定位在 X298mm、Y0mm 处。然后删除刀版线,如图 9－23 所示。

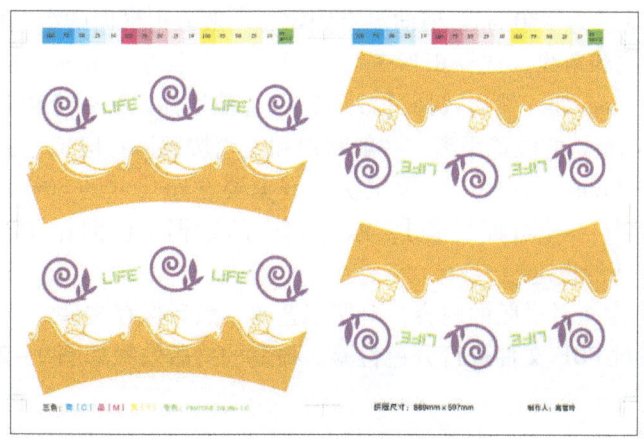

图 9－23　拼版印刷最终效果图

（5）刀线的拼版。新建一个图层并命名为刀版。重复操作 4，定位后将印刷版面删除。复制原版图层二中的刀线，并定位，定位坐标分别是 X0mm、Y3mm。再次粘贴一个原版文件，以坐标点作为定点，定位在 X285mm、Y3mm 处。并检查刀线是否为专色。结果如图 9-24 所示。

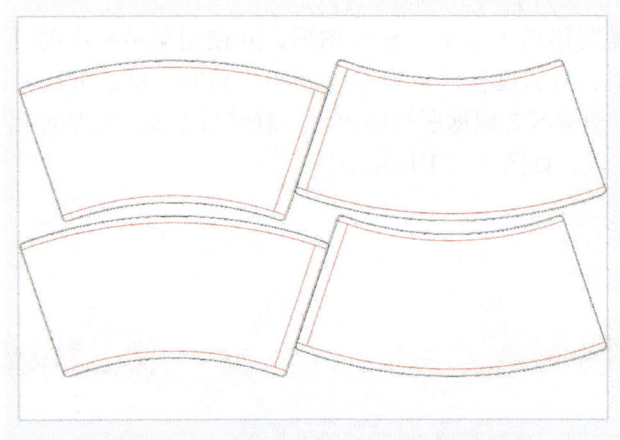

图 9-24　刀版拼版效果图

（6）信号条版面。该"纸杯"分色时没有黑板，所以印刷时采用三色印刷加专色印刷即可，分色输出时有 4 个版子，所以信号条安放时放 Y、M、C、PANTONE 专色就可以了。每一种信号条放 100%、75%、50%、25%、10% 和专色。信号条每个的大小为 5mm×5mm，位置位于拖梢距版面 3mm 处，横向距 2mm 处，遇到十字线的位置要让开，如图 9-25 所示。

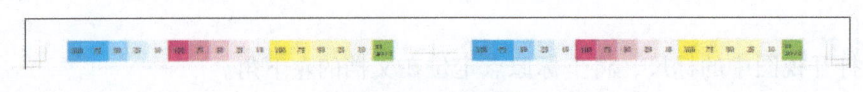

图 9-25　测控条设置

（7）添加必要的拼版数据信息，包括"拼版人、拼版规格"字体为 10pt；颜色 Y、M、C、Pantone 各自采用相应色版的颜色，比如黄版就使用黄 100%，其他类同；"叼口"二字为 12pt；位置垂直为 -30mm，横向没有固定，一般靠近横向的中心放置。

（8）添加十字线和角线。选择矩形工具绘制一个大小为 430mm×285mm 的矩形，将其定位在 X0mm、Y0mm 处。然后选择【效果】→【裁切标记】命令创建角线与十字线。

（9）添加叼口和拖梢的位置距离。一般叼口和拖梢按照厂一般工艺标准设定添加 10~15mm，两边各添加 25mm。有些厂里规定拼版数据要在净尺寸的 30mm 处，则叼口添加 42mm。选择【文件】→【页面设置】，添加相应的数据，横向添加 20mm，纵向添加 84mm，即完成了拼版的设定。

（10）检查。再次核对拼版的内容，对照工艺单，然后保存文件，一份为 AI 文件，一份为 PDF 文件。并对 PDF 文件进行分色检验。最终的拼版效果如图 9-26 所示。

项目九 柔印一次性纸杯的设计与制作

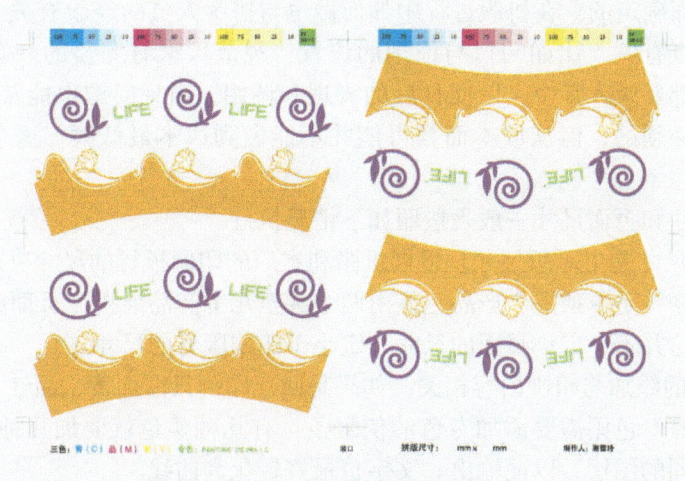

图 9-26 最终拼版效果

（11）各个分色版结果如图 9-27～图 9-30 所示。

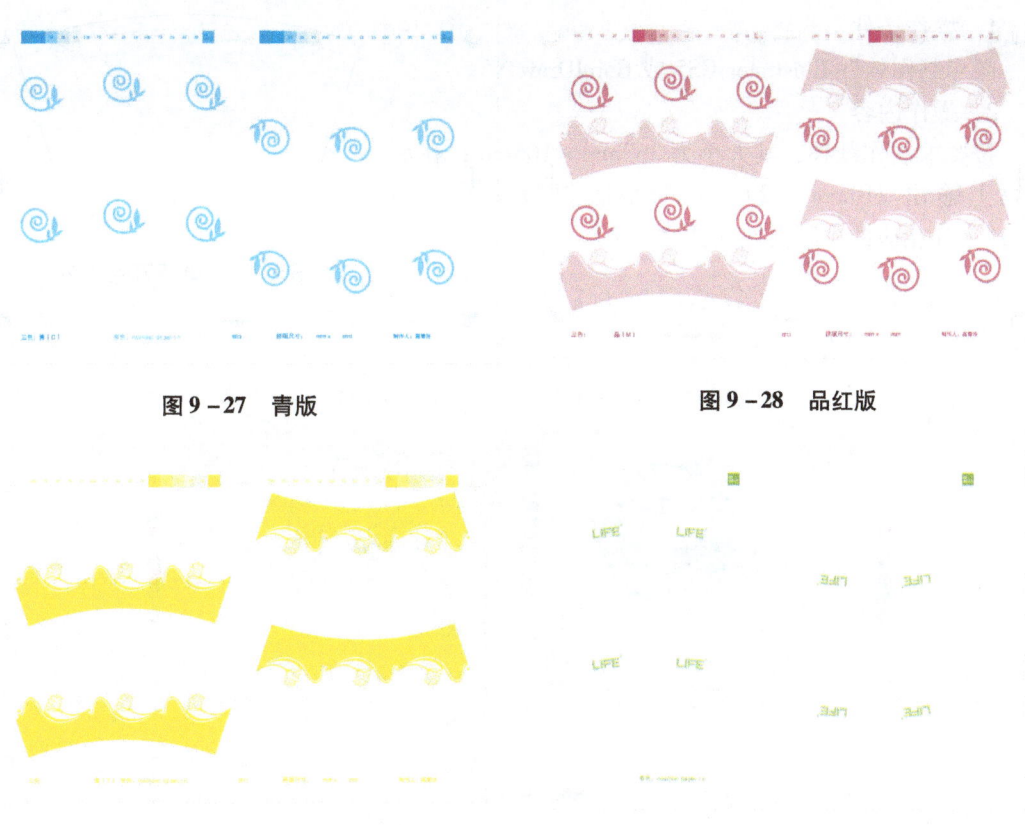

图 9-27 青版　　　　　　　　　图 9-28 品红版

图 9-29 黄版　　　　　　　　　图 9-30 专色版

拼版应注意事项：

拼版是和具体生产工艺和各个厂家的具体生产情况紧密联系的，没有固定的模式。就本模拟资源而言，绘制采用图形软件，拼版也采用图形软件，不是专门的拼版软件，而是

109

与其工艺相结合而确定的。在拼版过程中如何做也与拼版人员的经验有关。具体参数设定与管理的规范程度有关。比如叼口与拖梢的位置,规范厂家有完整的一套流程,有 ERP 规范,任何工作都要录入其中,以便日后的管理和调用,出现问题也能及时查找到原因。所以有些信息是必须的,但从成本而言可能并不能做到成本最低廉,这个要视具体情况而定。

拼版的净尺寸和页面尺寸一般是按照如下情况执行。

(1) 拼版净尺寸是由原版尺寸,根据纸张和本厂的印刷板材的尺寸决定,需要横向多少联,纵向多少联,是单独一个产品还是由两个甚至几个产品混拼。页面的尺寸要小于纸张的尺寸,当然这并不一定;页面的尺寸一定小于印刷版材的尺寸。

(2) 信号条的添加与印刷内容相关,如果是四色印刷只需加黄、品红、青、黑四色信号条即可,如果有专色则需要添加专色的信号条,有几种颜色就要加几种颜色的信号条,专色最好位于不同的图层,以便输出。文字也最好转化为曲线。

技 能 训 练

1. 操作条件

图形制作软件 Illustrator CS5 或 CorelDraw X5。

2. 操作内容

按要求制作纸杯,其大小为 268mm × 166mm;在承印物上输出 210mm × 297mm 的小版刀版文件(图 9 – 31)和相应的小版文件(图 9 – 32)。

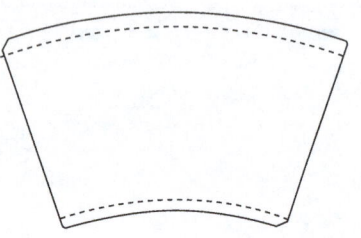

图 9 – 31 纸杯刀版文件

图 9 – 32 纸杯小版文件

3. 操作要求

(1) 按要求绘制纸杯刀版文件,需考虑合理计算方式。

(2) 印刷面的设置必须符合印刷和柔印要求。

（3）文字按要求制作，需考虑印刷方式。
（4）LOGO 制作必须规范正规，颜色使用上需使用专色。
（5）按要求填充图案和制作阴影效果。
（6）对专色做补漏白工艺。
（7）按要求制作环保 ICON 标识。
（8）存储为"纸杯.eps"。
（9）样图如图 9-33 所示。

图 9-33　纸杯样张效果

项目十　胶印商业海报的设计与制作

教学目标

（1）熟练掌握直线工具的应用。
（2）熟练掌握基本图形的应用。
（3）熟练掌握参考线和智能参考线的应用。
（4）熟悉掌握网格渐变工具的使用方式。
（5）正确判断和运用软件中已有图形库、符号库、画笔库。
（6）正确应用图形库内文件分类和搜索方式。

能力目标

（1）正确建立文件，了解文件的建立、文件颜色模式与分辨率的依据。
（2）正确对所需的对象设置 CMYK 专色或 Pantone 专色。
（3）正确绘制基本图形单元、特殊图形以及多个图形之间的定位与修改。
（4）学会自定义画笔工具。
（5）学会使用原位复制功能。
（6）学会使用字符工具，实现字符间的准确调节。
（7）学会使用多种方式完成渐变颜色填充。
（8）学会相对点旋转复制物体以及相应快捷键的应用。

知识目标

（1）了解画笔工具中边线、外角、内角、起点、终点拼贴。
（2）了解 AI 软件中功能键的作用和位置。
（3）了解印刷用稿版面设置的要求和规范。
（4）了解颜色叠印预览和轮廓预览的必要性和快捷键切换。
（5）了解复色黑与单色黑的区别和应用特征。

任务　商业海报的设计与制作

制作要求：

1. 制作宽400mm×高580mm商业海报图形。
2. 存储为"新年快乐.eps"，样图如图10-1所示。

图10-1　商业海报设计效果图

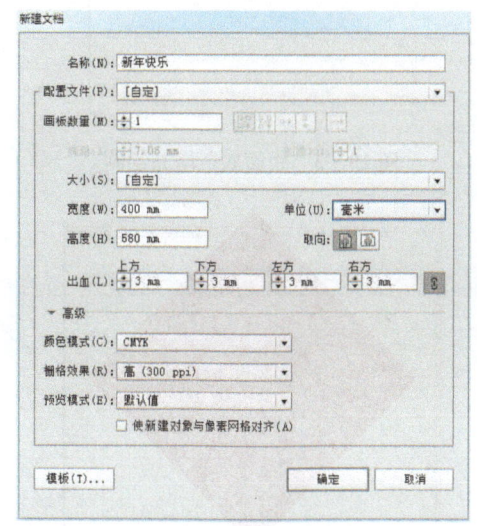

图10-2　新建面板

制作过程：

1. 选择菜单栏【文件】→【新建】命令，创建一个名称为"新年快乐"并且净尺寸为宽400mm×高580mm的版面，上下左右出血都为3mm，同时设置颜色模式为CMYK，栅格化为300ppi即可，如图10-2所示。

2. 绘制海报的大背景。由于背景最后做成成品前需要裁切，因此制作过程中就在已设置的画板中考虑出血绘制。方法一：点击工具箱中的【矩形工具】，设置其大小为宽（400mm+6mm）×高（580mm+6mm），并且打开智能参考线的同时，将绘制的矩形框套入版面中的红色线框上。方法二：在打开智能参考线的状态下，使用【矩形工具】，采取鼠标左上角点到右下角点的拖动绘制该大小的矩形框。绘制好后对其进行填色C0、M24、Y36、K0，如图10-3所示。

3. 通过仔细观察，得知背景是通过【网格工具】进行填充的。因此，使用【选择工具】将矩形选中，接着鼠标点击工具栏中的【网格工具】，在画幅的中上方点击，形成十字交点，将交点填充为C0、M0、Y14、K0，如图10-4所示。

4. 绘制"福贴"外轮廓，使用【矩形工具】，绘制大小为260mm×260mm的矩形，并且将其90°旋转成菱形。内部颜色填充为C0、M100、Y100、K0的颜色（此颜色是正红色，因此可以在已设的色板中找到此色），如图10-5所示。

图 10-3　版面底色填充绘制

图 10-4　网格渐变填充

图 10-5　"福贴"字形状及颜色设置

图 10-6　"福贴"投影设置

5. 为了使得"福贴"具有层次感，将菱形添加阴影，方法很多，在此推荐最常规的一种。选择菱形，在菜单栏中【效果】→【风格化】→【投影】中设置相应参数，即可得到如图 10-6 所示的阴影效果。

6. 添加菱形四个角的角花，在效果图上看到的螺旋线可以通过【螺旋线工具】绘制得到，但是这种方法较为复杂，其实当学习者足够熟悉 AI 绘图软件后，可以通过软件中已设定的花纹进行直接填充，例如样张上的花纹就能在菜单栏中找到并修改。路径为【窗口】→【画笔库】→【装饰】→【文本分隔线】，第 10 个就是螺旋线形状的花纹，只需点击拖动将其从对话框中拖到画板上，即可得到相应的花样，如图 10-7 所示。

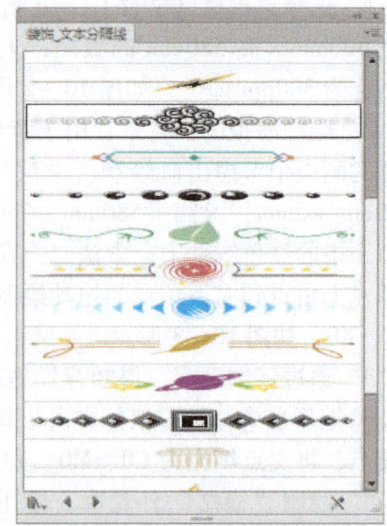

图 10-7　添加菱形四个角的角花

7. 设置的花纹效果与最终效果有所不同，主要是在结构上的区别。首先进入隔离选区将花样形成直角形式，并且删除多余的螺旋线，做完后将花样准确地通过复制旋转将其摆放在4个角上。由于拖动出来的螺旋线花样是由黑色到灰色的渐变，如果要将螺旋线从黑色逐渐过渡到红色的话，只需要将其选中后使用【透明度】对话框下的正片叠底即可完成这一效果，如图10-8所示。

图10-8　角花纹设置效果

图10-9　周期元素图

8. 从效果图中可以看到"福"字外圈有一圈类似祥云的发光物，该图形可以通过【画笔工具】完成。首先打开【智能参考线】，使用【钢笔工具】绘制周期元素，并且将描边粗细改为合适磅数、颜色调整为红色，整体扩展下就形成了该封闭路径，如图10-9所示。

9. 方法一：将绘制好的周期性元素编组后拖动到画笔中，在跳出的对话框中选择"图案画笔"，然后点击确定即形成了画笔元素（补充：由于绘制的是圆形图案，因此不涉及角的概念，如需要角的形状，必须用到内角角贴和外角角贴，这样就能绘制出各种图案元素）。接着在画板上绘制一个大小合适的圆，并且确定圆内部无填充，点击设置的新画笔，即可得到相应的图案效果，简单的密度调整可以通过描边粗细来完成。方法二：可以先使用【圆形工具】绘制合适的圆形，然后在选中圆形的情况下选择【窗口】→【画笔库】→【边框】→【边框_装饰】下的矩形二即可得到该形状，但是制作时需要将其通过图形扩展后更改其颜色为红色。如图10-10、图10-11所示。

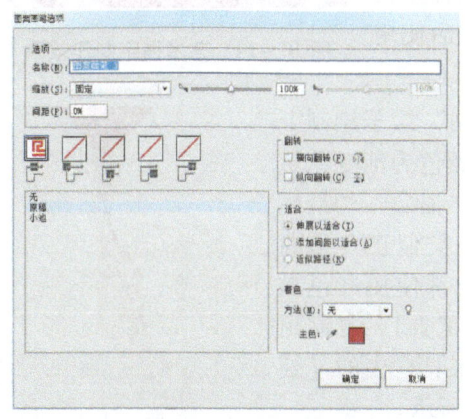

图10-10　画笔设置对话框

图10-11　基本周期元素与最终效果对比图

10. 将做好的图形扩展后形成与填充色拟合的路径，然后将其填充为渐变色，渐变滑块的颜色分别为 C0、M0、Y14、K0 和 C0、M25、Y65、K0，使用径向渐变，并拉动渐变条即可得到发光的制作效果，为了增加立体效果，在其形状背后添加黑色背影（方法一：复制并稍稍移动做好的花纹环，将其置于后层并设置为黑色。方法二：使用菜单栏中的【效果】→【风格化】→【投影】）调整对话框中的参数即可，如图 10-12 所示。

图 10-12　颜色及投影效果设置

图 10-13　制作完成后花纹效果

11. 为了增添纹理环的视觉效果，在其后方添加暗红色圆环，制作较为准确套准在花纹环的内侧和外侧，可以使用先画内圆然后使用外描边的方式或者先画外圆然后使用内描边的方式。绘制好后，使用菜单栏中的【效果】→【风格化】→【外发光】即可得到如图 10-13 所示效果。

12. 绘制福字，首先使用工具栏中的【文字工具】在画板上点击输入文字"福"，接着更改字体为行楷，将字体缩放到合适的大小并且将其创建轮廓，紧接着在选择"福"字的状态下，使用菜单栏中的【效果】→【素描】→【铬黄渐变】，颜色设置为 C0、M40、Y100、K0 的颜色，使其呈现的颜色为橘黄色。然后复制"福"字，并且将其【铬黄渐变】效果在【外观】下删除，颜色填充为橘黄色并置于顶层，将两个福字同时选中，使用【路径查找器】下的对齐命令，进行居中对齐。最后将其选中后使用【外发光】效果即可，如图 10-14 所示。

图 10-14　艺术福字制作效果

13. "福贴"的效果基本绘制完成，将"福贴"缨子绘制上去。首先使用【矩形工具】绘制一个接头，填充颜色为渐变色从左侧的橘黄到右侧的暗红色即可，然后将其置于"福贴"的最底层。接着绘制缨子，先用【钢笔工具】绘制一条类似正 S 形曲线，然后复制一根并进行适当的旋转，两根曲线都使用红色描边，粗细适当即可，接着使用工具栏中的【调和工具】，复制出多根。由于这样做出的缨子不逼真，因此将通过工具栏中的【变形工具】使得其有随风而动的感觉，如图 10-15 所示。

14. 对于"新年快乐"文字，使用工具栏中的【文字工具】，在画板上输入，调整字体为黑体，将其创建轮廓后使用外侧描边，

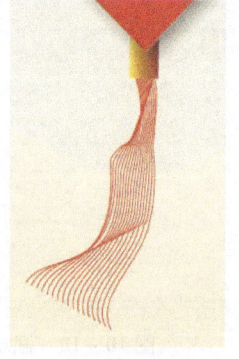

图 10-15　缨子效果

字体和描边的颜色分别为红色和白色。为了使得整体有立体感，可以复制偏移一个并置于下一层，将字体和描边的颜色同时改为暗红色C0、M100、Y100、K40。如图10－16所示。

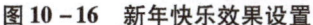

图10－16　新年快乐效果设置　　　　　　图10－17　英文字体效果设置

15. 海报新年快乐下方有"happy new year"文样，同样通过【文字工具】录入后更改颜色并创建轮廓。文字在制作过程中添加了倾斜，因此选择该文字，在工具栏中选择【倾斜工具】，按住【Alt】键，角度设置为20°，即可得到相应效果，如图10－17所示。

16. 对于海报的角花纹，可以通过多种方式完成。在此仅介绍一种最规范的制作方法，使用钢笔工具和智能参考线。在绘制的过程中智能参考线的作用是极大的，要能决定线段的走向、对齐方向等，由于花纹的特殊性，每条线不是垂直的就是水平的，因此必须按住【Shift】键绘制，如图10－18所示。

17. 经过排版对位，就完成了海报的最终效果制作，如图10－19所示。

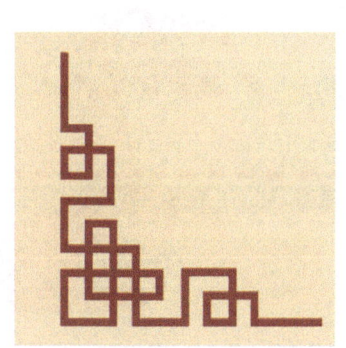

图10－18　角花纹设置效果　　　　　　图10－19　海报单张效果图

技 能 训 练

1. 操作条件

图形制作软件 Illustrator CS5 或 CorelDraw X5。

2. 操作内容

（1）按要求设计制作书刊封面，其大小为205mm×295mm。

（2）在承印物上输出450mm×350mm的印刷拼版文件（图10－20）。

图 10-20 宣传海报拼大版文件

3．操作要求

（1）正确设置画板尺寸，有创意的构图设计方式。

（2）合理运用颜色，使其整张版面协调且有创意。

（3）学会设置和使用皱褶工具和投影工具。

（4）合理使用基本图形和钢笔工具绘制立体效果图形。

（5）按要求填充图案和制作图形效果，并符合印刷基本条件。

（6）对使用的专色部分做补漏白工艺。

（7）存储为"宣传海报.eps"。

（8）样图如图 10-21 所示。

图 10-21 单个文件制作图形

项目十一 食品包装茶叶纸盒设计与制作

🔍 教学目标

(1) 熟练掌握直线工具的应用。
(2) 熟练掌握基本图形的应用。
(3) 熟练掌握参考线和智能参考线的应用。
(4) 熟悉管式包装盒的基本特征和绘制要点。
(5) 正确判断和运用图形的逻辑运算,即路径查找器的使用。
(6) 正确通过路径查找器工具完成包装整体出血设置。

📝 能力目标

(1) 正确建立文件,了解文件的建立、文件颜色模式与分辨率的依据。
(2) 正确对所需的对象设置 CMYK 专色或 Pantone 专色。
(3) 正确绘制基本图形单元、特殊图形以及多个图形之间的定位与修改。
(4) 学会路径结合后的纠错和弥补。
(5) 学会图层设定的目的和方法。
(6) 学会使用字符工具,实现字符间的准确调节。
(7) 学会使用多种方式完成渐变颜色填充。
(8) 学会相对点旋转复制物体以及相应快捷键的应用。

☺ 知识目标

(1) 了解信息文字大小与字体的规则。
(2) 了解食品包装的印刷方式和特点。
(3) 了解包装盒型结构的基本理论知识。
(4) 了解包装盒刀版和装潢拼版的理论知识。

任务　茶叶纸盒的设计与制作

制作要求：

1. 制作 250mm×260mm 包装盒图形。
2. 存储为"铁观音包装盒.eps"，如图 11-1 所示。

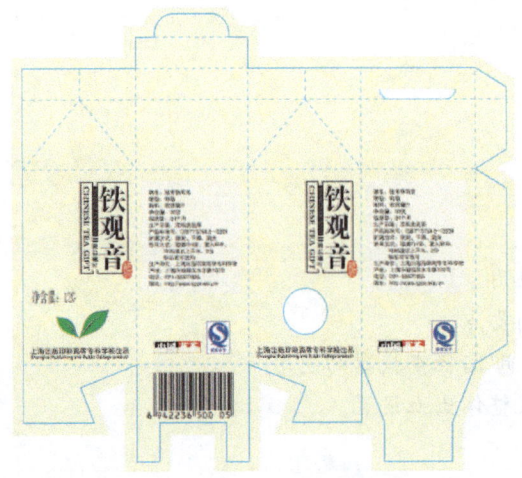

图 11-1　茶叶包装盒设计效果图

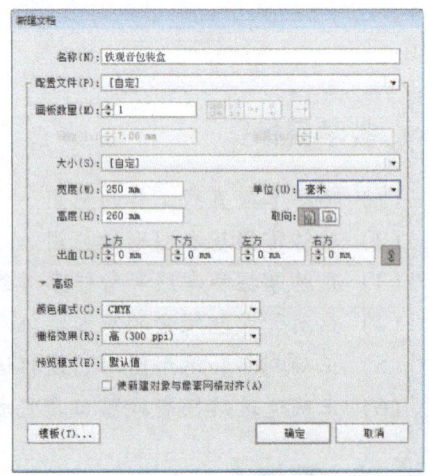

图 11-2　新建面板

制作过程：

1. 在 Illustrator 界面中选择菜单栏【文件】→【新建】命令，弹出【新建文档】对话框，如图 11-2 所示。在【名称】文本框中输入文档的标题"铁观音包装盒"，【大小】下拉列表框选择"自定"，【宽度】和【高度】文本框采用 250mm×260mm，【取向】选择纵向。单击【高级】左侧的下拉菜单按钮，展开【高级】选项，在【颜色模式】下拉列表框中选择"CMYK"，【栅格效果】下拉列表框中选择"高（300ppi）"，【预览模式】下拉列表框中选择"默认值"，单击【确定】按钮。

2. 首先绘制盒型结构。选择工具箱中的【矩形工具】，鼠标在画面上左击跳出矩形参数对话框后，制作宽 60mm×高 100mm 的矩形，接着使用【Alt】键依次再复制 3 个等大的矩形，并且边边相连，在此要提醒大家，前面的多边形包装中已经介绍过面与面准确对位的方式方法，这里就不详

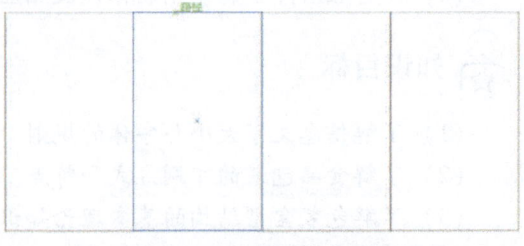

图 11-3　包装主面结构设置

细展开了。这样才能准确地将几何图形按目的角对角、边对边地对齐，如图 11-3 所示。

3. 接下来绘制第一块折叠面板的顶盖结构，使用【矩形工具】绘制大小为宽 60mm×高 36mm 的矩形，并且使用智能参考线将矩形的底边重合于第一块面板的上方折横线，依

此类推,再向上堆叠一个宽60mm×高16mm 的矩形。然后使用工具箱中的【直线工具】,在打开智能参考线的情况下,绘制两条等腰斜线,并且在矩形的中心位置添加中垂线,如图11-4所示。

4. 当完成第一个面板上方盒盖部分后,接下来要完成第二个折叠面板的盒盖部分。同样,使用工具箱中的【矩形工具】,分别绘制大小为宽60mm×高36mm 和宽60mm×高16mm 的矩形,由于图形尺寸基本类似于第一折叠面板上方的盒盖尺寸,因此可以通过【Alt】加智能参考线的方式复制完成。对位复制完成后绘制插槽部分结构,第一矩形的尺寸为宽60mm×高16mm 的大小,第二个尺寸为宽40mm×高12mm,两侧为10mm 的圆形倒角(单边倒角方式如下:在加高圆角矩形一倍的情况下,通过一条过圆心的水平直线,并且使用路径查找器将其分解为上下两块,最后将不需要的一块删除即可,这样的盒型结构制作方式是AI软件制作过程中经常会遇见的,因此需要学习者务必掌握)。绘制完插口后,底边重合于紧挨的矩形并且上下任意两个几何图形中心点保证在一直线上即可,如图11-5所示。

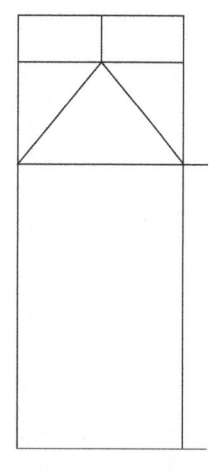

图11-4 第一面板上顶盖结构设置

5. 由于第三个折叠面板顶盖的结构与第一个折叠面板顶盖的图形完全一致,因此,可以通过中心点复制镜像的功能完成这一操作。框选第一折叠面板顶盖的结构,然后按住【Alt】键,将第一折叠面板顶盖结构复制镜像到第三面板的上方即可,如图11-6所示。

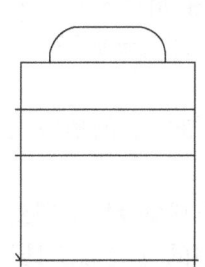 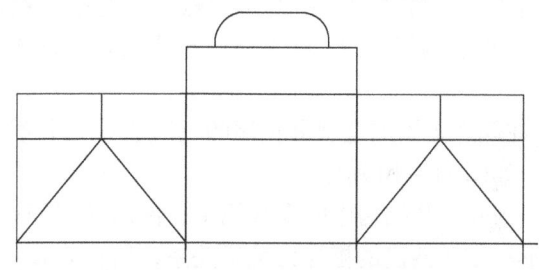

图11-5 第二面板上顶盖结构设置　　　　图11-6 第一至第三个面顶盖设置

6. 绘制第四个折叠面顶盖,其几何大小因为类似于前面三个顶盖结构,因此,选择第三个顶盖,并使用【Alt】键将第三个顶盖复制至第四个顶盖位置,然后去除中心的垂直线和等腰斜线即可。完成这步骤后,添加提手结构,提手的大小从最后成型分析,宽度应稍大。第二个顶盖插槽宽度,尺寸设置为宽40mm×5mm,倒角5mm 的弧形,如图11-7所示。

7. 绘制包装盒型的底部结构,由于底部结构是典型的管式包装自动锁底式,因此,在绘制的时候必须对这样的结构有尺寸的初步认知,这样绘制的时候才能得心应手。对于这类四棱柱的管式包装,插口一般都是在盒型的中心位置上。插口斜角成90°的形式。底部结构先绘制第二个折叠面板结构,从大致形状上分析为"凹"型结构,尺寸由于插口在中心水平线上,所以凹下去的宽度为纸盒面宽的一半,也就是30mm,这样我们可以先绘制出一个宽60mm×高30mm 的矩形,接着绘制两个辅助锁口襟片,其大小为宽为20mm×高12mm 的矩形(两边的襟片高度不超过纸盒一半的宽度),最后将三个矩形使用【路径查找器】工具将其相加即可,如图11-8所示。

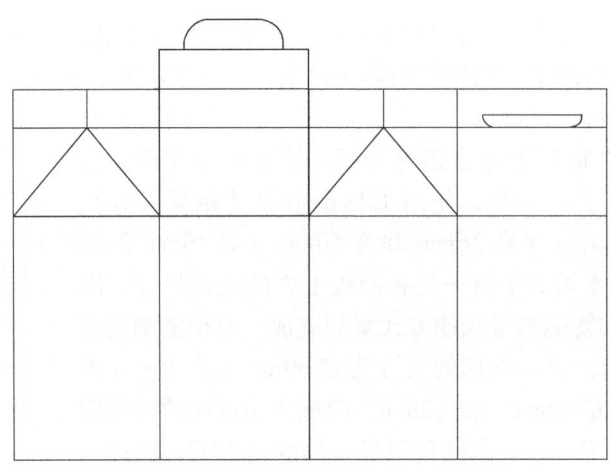

图 11-7 四个顶盖尺寸设置

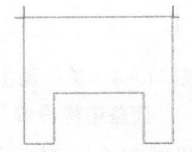  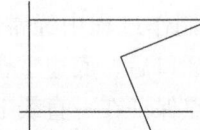

图 11-8 插口结构设置　　图 11-9 底部两侧插入口设置　　图 11-10 插片结构设置

8. 完成好上一步操作后，需要将两侧的对称锁扣襟片绘制出来。首先使用工具箱中的【直线工具】将"凹"字的两角点连接起来。然后将直线以左上角点不动，顺时针旋转 90°，再将复制得到的直线左下端点为圆心顺时针旋转复制 90°，即得到如图 11-9 所示效果。

9. 在侧底盖添加盒型最左端的垂直直线延长线，然后在高度 30mm 的地方画一条水平直线，如图 11-10 所示。

10. 去除插片结构中的多余线条，使用【路径查找器】中的分割命令即可得到相应的封闭图形。由于两侧的襟片为镜像关系，所以直接可以用工具箱中的【镜像工具】，使用垂直中线对称复制实现其效果，如图 11-11 所示。

11. 锁底结构中有"凹"必有"凸"，所以我们要绘制凸的部分。相应的大小正好为"凹"结构的重要节点连接，因此，可以将"凹"结构复制过来，然后用钢笔工具连接节点后，删除不需要的部分即可完成，如图 11-12 所示。

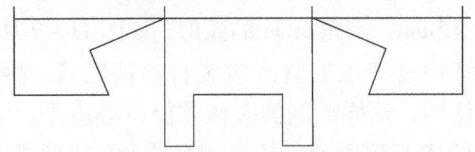 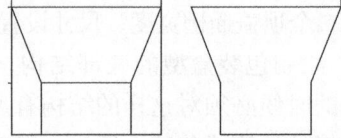

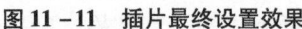

图 11-11 插片最终设置效果　　　　　图 11-12 锁底折盖设置

12. 盒型侧面的粘贴襟片制作。这里重点介绍的就是如何用 AI 工具做直角倒角。首先由于盒型的特殊性，粘贴襟片分为上下两片，一片短一片较长，上面一个使用的尺寸为高 52mm×宽 16mm，倒角为 10mm×16mm（制作方法：使用工具箱中的【直接选择工具】点击右上角点，在【变换】菜单中能清楚地看到 X 轴和 Y 轴所对应的数值，由于要将对应角点向下移动 10mm，因此在其 Y 轴数值的基础上加上 10mm 即可得到，使用同样的方法能完成下面的所有倒角。下面一半的粘贴襟片尺寸为高 100mm×宽 16mm，倒角为 10mm。如图 11-13 所示。

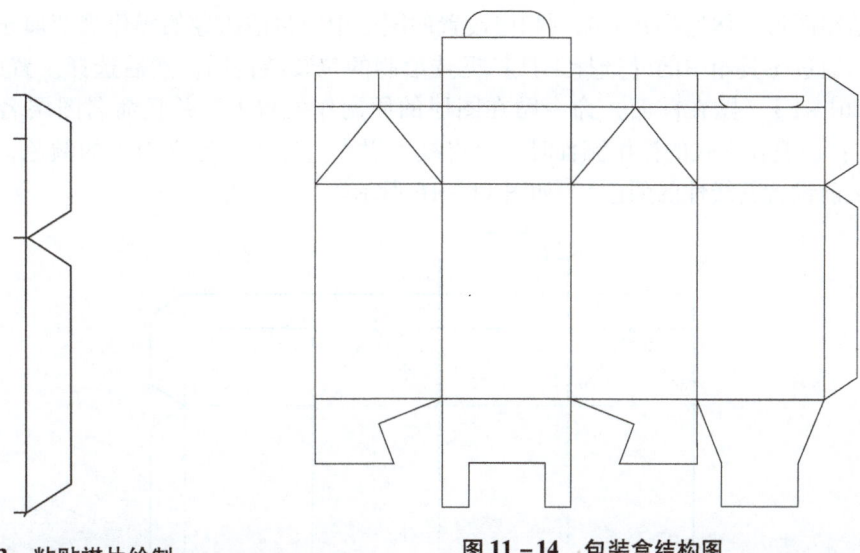

图 11-13　粘贴襟片绘制　　　　　图 11-14　包装盒结构图

13. 基本盒型的结构设置完成，如图 11-14 所示。制作后期就需要将重线部分删除并且修改相关线性，区分折线和切线设置。

14. 使用工具箱中的【选择工具】，选中整个包装结构，并点击【路径查找器】相加命令，这时会将整个包装盒形成一个外轮廓盒胚，中间的所有重叠线条被合并。相应的折叠线（虚线）就能添加至盒型上，这样绘制出来的线条不会产生任何的重线情况（添加虚线的方法：由于原来的交叉节点在图形相加命令后都会保留下来，因此在打开智能参考线的基础上，按住【Alt】键就能很方便地添加折叠线，如需改为虚线的话，可以在描边活动对话框中激活虚线命令，并设置相应的参数得到，在此图中用黑色的实线表示切线，红色的虚线表示折线，如图 11-15 所示。

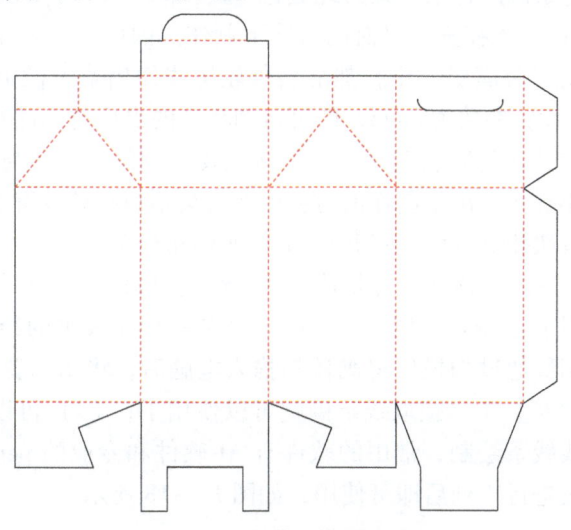

图 11-15　包装结构最终效果图

15. 为了规范操作，使用相应的图层将结构和图文部分分离开来，这样能方便印刷厂的分版操作。图层的具体应用前面的章节中已有详细的介绍，在此就不多说了。一般来说，有两种顺序应用其图层，一种为先设置图层，然后在相对应的图层中绘制图形；另一种为先绘制图形，然后将其剪贴到相应设置的图层中。目前指导的操作规范属于第二种操作方式。通过工具箱中的【选择工具】框选绘制的包装结构图，然后选择设置好的图层，使用【Ctrl + F】（贴在前面）命令贴在图层的原制作位置上，并且命名图层名为"刀版图"（注：一般在正式的操作流程时，会将线性以青色专色来定义刀版的颜色，因此在放置图层之前设置其线性的颜色），如图 11 – 16 所示。

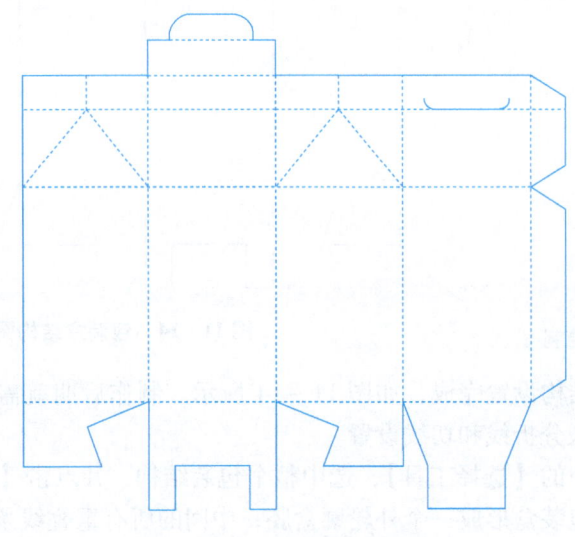

图 11 – 16　包装模切板设置

16. 包装装潢部分的印刷设置，在制作之前会先设置一个新的图层，并且将其命名为"装潢层"，然后在对应的区域内进行绘制，如果装潢设计中要涉及印后加工的区域，比如说文字烫金、起凸、压痕等效果需要另外设置新的图层，总之，完整的 AI 文件应该将印前设计同时进行考虑。绘制的背景图案为纯黄色 C0、M0、Y100、K0，同时，其透明度为 20%。（注：背景的绘制应该在整体出血的状况下制作。因此，必须先将"刀版"图层中的外轮廓线复制一个到"装潢层"中，然后将外轮廓线使用菜单栏中的【对象】→【路径】→【偏移路径】，设置参数为 3mm，即可得到相应的出血封闭路径，然后去掉描边添加颜色）这样的制作方式在包装装潢设计中是必须要用到的，方便与后期的拼版等操作，如图 11 – 17 所示。（小提示：由于制作的过程中经常会不慎移动设置好的刀版图层，因此可以通过图层面板或者快捷键【Ctrl + 2】的方式锁定图层。）

17. 绘制底版上的花纹，该花纹都是通过线条绘制出来，方法有如下几种：（1）使用工具箱中的【钢笔工具】绘制花、枝干、花叶，这是一种比较难的绘制方式；（2）通过纸、笔工具将手绘的图稿通过扫描仪将画稿扫描入电脑后，将图稿置入到 AI 软件中，然后将画稿通过【图像描摹】工具提取线条稿就可以使用了；（3）可以通过手绘板加软件的方式完成相应的曲线线条绘制，常用的软件有 AI 软件和专业的 penter 软件，这里只做参考。绘制出来的花纹进行排列后即可使用，如图 11 – 18 所示。

项目十一　食品包装茶叶纸盒设计与制作

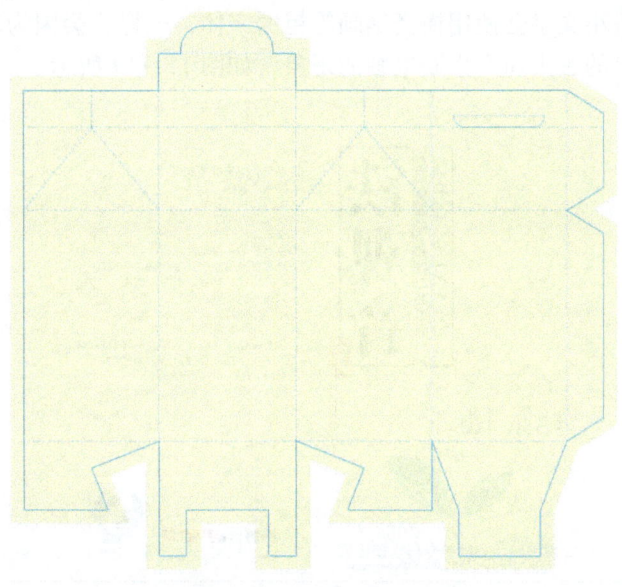

图 11 – 17　印刷图层设置

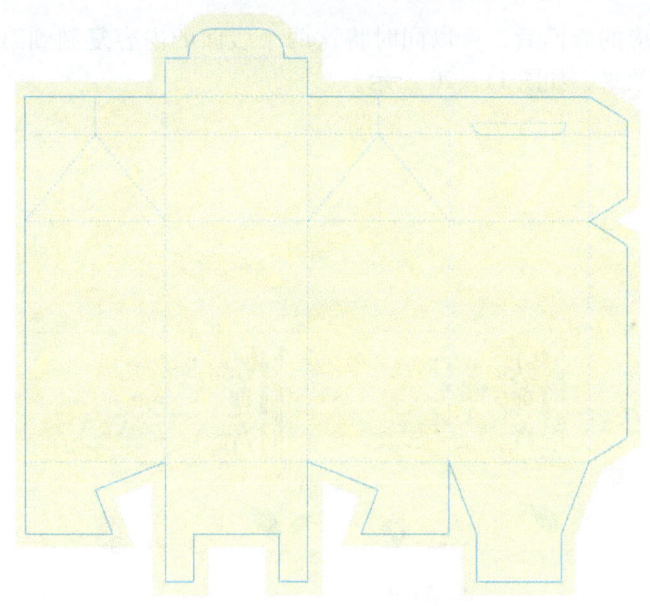

图 11 – 18　底纹设置及排列

18. 图文部分的制作需要前期进行基础训练，制作完的图文可以按照相同面来复制完成。比如第一个面上的 LOGO，图案绘制完成后可以通过相应的移动复制快捷键完成对位，首先需要注意的是文字的规范性，比如对于这些包装体积小、快速消费品的 LOGO 在相应版面上应该保证美观的前提下尽量地放大，位置适当，净含量字体的高度尽量大，方便于消费者快速地寻找查看。其次版面上一般最小文字建议在 1.8mm 以上，这样既方便了印刷又方便了消费者的查阅。再次是最小的文字尽量不要使用彩色文字，如果可以的话尽量使用黑色，这样油墨的遮盖力好，另外避免了套印的微弱差别而产生的糊字现象。最后要注意的是字体，一般小文字会使用横竖笔画等粗的字体，这样不会因为印刷时，压力过小或者制版时细小网点的丢失而产生断笔画的现象，如图11-19所示。

图11-19　主版面效果设置

19. 绘制好相应的版面后，可以同时将这两个版面的内容复制到第三和第四个版面上，最终得到如下效果，如图11-20所示。

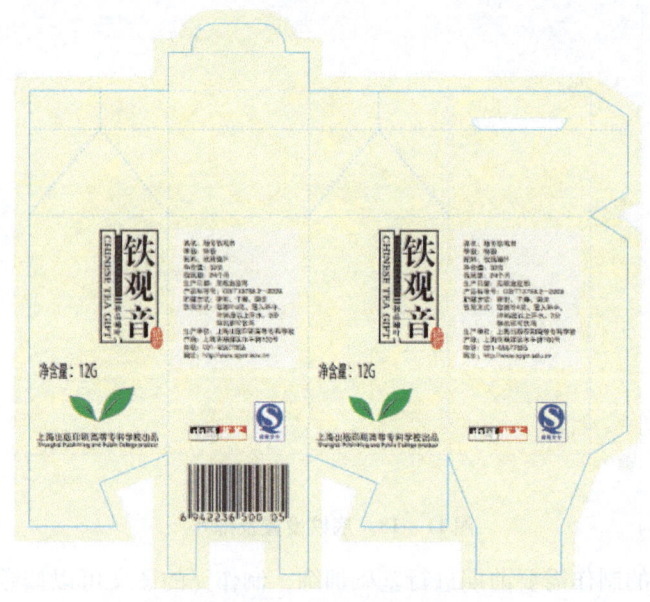

图11-20　印刷版面最终效果图

20. 上面的条形码可以通过网上下载的"barcode toolbox"插件来制作，需要注意的是条码的大小有一定的规定，这些都能通过网络搜索到。

21. 最后要完成出血标志的设定，可以通过选择结构外轮廓，然后点击菜单栏中的【效果】→【裁切标记】就直接自动添加了3mm出血线，这里要注意的是有些印刷厂使用1.5mm出血线。所以要根据情况而定，但是一般都是以3mm出血线为标准。如图11-21所示。

图 11－21　设置出血和套准标记

22. 前面的所有步骤是教学习者如何通过 AI 软件完成包装的结构和装潢设计，接下来讨论的是印刷装潢的拼大版。这些小型纸包装印刷一般会使用平张纸胶印机来完成，因此拼版的大小要根据机器印刷面的尺寸来设定，例如，设定其大小为正度对开，选用的纸为 180g/m² 铜版纸，最终设定的上机印刷版面尺寸为 590mm×889mm，然后将绘制的包装结构和装潢设计一起进行拼大版，这样的目的是后期分印刷版和模切版时方便对位，如图 11－22 所示。

图 11－22　拼版对位设置

23. 以上的拼版要注意：如果两个包装底色为纯色或者不上色的话，紧邻的两条切线能为共刀的尽量共刀，这样一方面节约了制作，另一方面方便排刀操作，如果两条邻边很接近做排刀的话,很容易因为模切的时候纸张边缘产生毛边现象。因此对于此包装盒的拼大版,充分考虑到这一点,将能共刀的线做了共刀处理。完成后需要在拼好版的周围添加需要的套印标记(注:套印十字线是 CMYK 四色套印的黑色)和需要的色块信息,正式印刷时会在大版的左下角写上相应的工单号和印刷厂名称等信息),如图 11-23 所示。

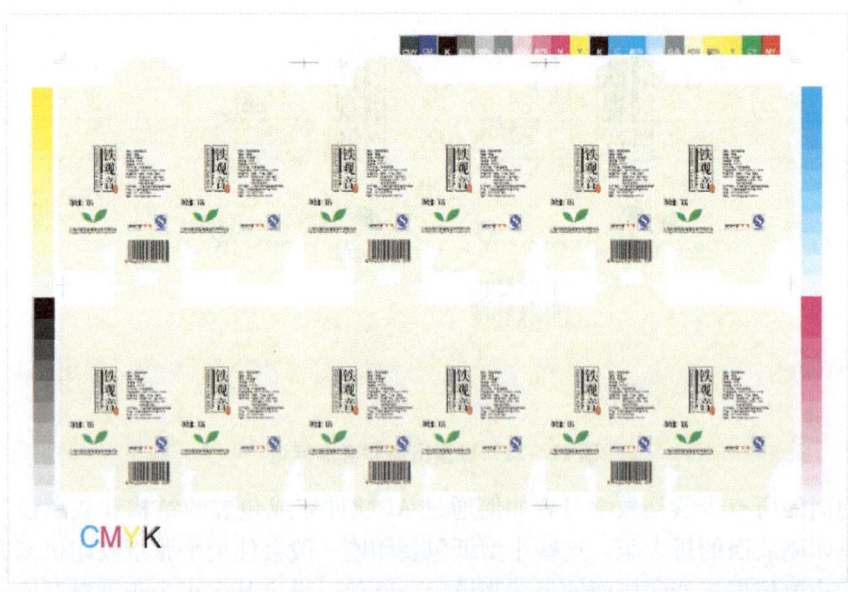

图 11-23 印刷制版文件样张效果

24. 印刷拼大版的基础上制作刀版图,方便相应制作刀版的人有准确的数据。如图 11-24 所示。

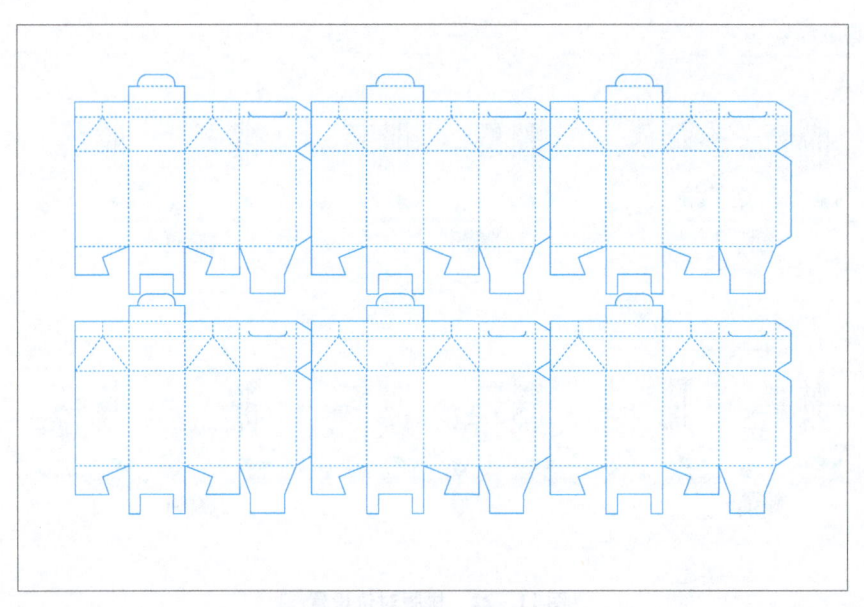

图 11-24 模切版制作效果图

25. 最后将以上两个文件分别保存为 EPS 文件或 PDF 文件即可宣告完成。在整个包装的设计过程中需要注意每一步骤准确到位,如果没有标准可靠的结构设计层,千万别急着做装潢设计,更别急着完成拼大版。在每一步制作完成后,先要进行打样,然后让客户签样,之后才可进行下一步操作,这样保护了自己也保证了合格率。

技 能 训 练

1. 操作条件

图形制作软件 Illustrator CS5 或 CorelDraw X5。

2. 操作内容

(1) 按要求制作牛奶纸盒包装(包括印刷面和刀版图),其尺寸为 295mm × 200mm;

(2) 在承印物上输出 1040mm × 640mm 的印刷拼版文件(图 11 - 25)和相应的刀版文件(图 11 - 26)。

图 11 - 25　牛奶纸盒包装刀版文件

图 11 - 26　牛奶纸盒包装拼大版文件

3. 操作要求

（1）制作单个牛奶包装的刀版文件，按要求设置刀版线的粗细和颜色。
（2）设置包装盒印刷面的准确大小和颜色。
（3）技术文案与 LOGO 文字按要求制作。
（4）印刷面按相应要求制作，条形码必须规范大小和尺寸（使用 Barcode 插件生成）。
（5）按要求填充图案和制作图形效果，并符合印刷基本条件。
（6）对使用的专色部分做补漏白工艺。
（7）按要求制作花纹。
（8）存储为"牛奶纸盒包装.eps"。
（9）样图如图 11-27 所示。

图 11-27　单个文件制作图形

项目十二　胶印书封的设计与制作

🔍 教学目标

（1）熟练掌握印刷用的书籍尺寸的设定。
（2）熟练掌握基本图形的应用。
（3）熟练掌握参考线和智能参考线的应用。
（4）熟悉掌握书脊尺寸的设定方式。
（5）正确判断和运用软件中已有图形库、符号库、画笔库。
（6）正确使用效果图形变换。

📓 能力目标

（1）正确建立文件，了解文件的建立、文件颜色模式与分辨率的依据。
（2）正确对所需的对象设置 CMYK 专色或 Pantone 专色。
（3）正确绘制基本图形单元、特殊图形以及多个图形之间的定位与修改。
（4）学会路径结合后的纠错和弥补。
（5）学会自定义画笔工具。
（6）学会使用字符工具，实现字符间的准确调节。
（7）学会使用多种方式完成渐变颜色填充。
（8）学会相对点旋转复制物体以及相应快捷键的应用。

☆ 知识目标

（1）了解书籍封面设计的要素。
（2）了解书籍装帧设计的种类和排版特征。
（3）了解印刷用稿版面设置的要求和规范。
（4）了解书封印刷的方式和印刷基本流程。
（5）了解书封与书芯的机械合成方式。
（6）了解击凸、烫印、上光、覆膜等印后工艺。

任务　书封的设计与制作

制作要求：

1. 制作 405mm×260mm 书封设计。
2. 存储为"书封设计.eps"，样图如图 12-1 所示。

图 12-1　书封设计效果图

制作过程：

1. 在 Illustrator 界面中选择菜单栏【文件】→【新建】命令，弹出【新建文档】对话框，如图 12-2 所示。在【名称】文本框中输入文档的标题"书封设计"，【大小】下拉列表框选择"自定"，由于选用的是正度 16 开的纸张进行印刷、书厚 34mm，因此，【宽度】和【高度】文本框采用 405mm×260mm，【取向】选择纵向。单击【高级】左侧的下拉菜单按钮，展开【高级】选项，在【颜色模式】下拉列表框中选择"CMYK"，【栅格效果】下拉列表框中选择"高 (300ppi)"，【预览模式】下拉列表框中选择"默认值"，单击【确定】按钮。

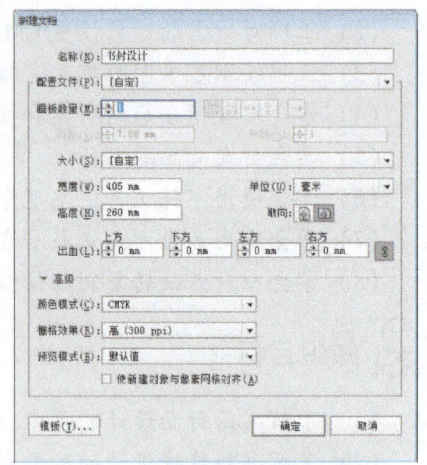

图 12-2　新建面版设置

2. 简装书书封的设计主要考虑的尺寸为封面、书脊、封底的对应尺寸，另外对于兼顾印前处理的设计人员，千万别忘记出血设置。因此，需使用工具箱中的【矩形工具】绘制封面封底的尺寸为宽（185+3）mm×高（260+6）mm，书脊的尺寸为宽 35mm×高（260+6）mm，这样书封面的基本尺寸就已设置完成，如图 12-3 所示。

图 12-3 书封印刷尺寸设计

图 12-4 书封渐变背景色效果图

3. 接着设置三个面的背景色，其背景色都为灰色到白色的线性渐变，只是各自的渐变方向不同而已，如图 12-4 所示。

4. 书封的上半部分颜色设计为横跨整个版面的翠绿色，其 CMYK 值分别为 C60、M0、Y100、K0，尺寸为宽（405+6）mm×高（115+3）mm。制作的时候必须要随时想到是否要做出血，这样省去了返工修改的时间。然后为此翠绿色块添加菱形纹理。这一花纹可以通过密密麻麻的线性交叉后得到。步骤如下：首先通过工具箱中的【直线工具】绘制一条角度为 40°的直线（直线顶端和底端必须超过矩形，这样线条可以布满整个画面），然后按住【Alt】键将直线平移复制到矩形的另一端，并且直线的左下端超出矩形。接着设置两条直线的描边颜色为 C0、M0、Y30、K0，设置好后使用工具箱中的【混合工具】指定其步数为 65 步，并用鼠标分别左击两条直线即达到混合的效果。

5. 混合后的图形效果线条过细，可以通过【描边工具】进行适当调节。紧接着选择混合好的图形，右击鼠标选择【变换】→【对称】设置为垂直方向，点击复制就可产生相应的菱形纹理效果。由于绘制好后会有许多不需要的部分表露在矩形的外侧，虽然不影响成品外观，但是对后续的拼版和整体设计的美观性都不利。这时，可以通过在菱形纹理上叠加一个宽（405+6）mm×高（115+3）mm 的矩形，最后选择菱形和矩形，右击鼠标【建立剪切蒙版】即可得到相应纹理效果，如图 12-5 所示。

6. 设计封面的文字部分，首先选择工具箱中的【文字工具】，使用艺术文本在版面上分段键入"最让大学生享受的"；"100 个人生梦想"；"中国梦·每个人心中的梦"字样（注：文字工具中分为艺术文本和段落文本，因此我们要理解

图 12-5 菱形纹理效果

两种文本的使用区别，在前面的章节中已有详细阐述），接着分别将三种文字调整到合适的大小，并将文字行间距留出合适的空间，紧接着，全选文字设置字体为"方正粗倩简体"（由于设计的书封是做教学使用，因此字体的使用不涉及知识产权，如果做商业用途，那么请必须使用正版字体）。

7. 将三段文字使用【路径查找器】中的中心对齐命令，并且将上下文字设置为白色，中间的文字"个人生梦想"设置为黑色，另外"100"则需要进行一定的额外修饰，步骤如下：

（1）选中"100 | 文字，将字体适当地放大，使用工具箱中的【倾斜工具】，将文字向右倾斜 15°，设置填充色为纯黄色（C0、M0、Y100、K0）。

(2) 选中该文字，使用菜单栏下的【对象】→【路径】→【偏移路径】设置参数为 1mm，偏移扩大的封闭路径设置为白色到灰色线性渐变。接着，整体选中文字，使用菜单栏中的【效果】→【风格化】→【阴影】设置参数为"X1.3；Y1.3"透明度为25%。

8. 使用工具箱中的【文字工具】段落文本在版面上键入"每个人都有理想和追求，都有自己的梦想。现在，大家都在讨论中国梦，我认为，实现中华民族伟大复兴，就是中华民族近代以来最伟大的梦想。这个梦想，凝聚了几代中国人的夙愿，体现了中华民族和中国人民的整体利益，是每个中华儿女共同的期盼。"黑体字样并使用段落文本居中排列，适当微调字间距，然后将其创建轮廓，如图12-6所示。

9. 书籍封面上一般都要出现编著者姓名等，在这就使用了倒圆角的黑色矩形进行修饰。方法一：先使用工具箱中的【圆角矩形】设置其参数为宽为60mm×高38mm，圆角为10mm，然后使用工具箱中的【直线工具】和【路径查找器】水平切去另一半。方法二：使用圆角矩形绘制宽60mm×高19mm，圆角为10mm图形，接着在打开智能参考线的状态下，设置上方的两个圆角矩形，使用【直接选择工具】将圆角矩形的任意锚点拖动到十字交叉点，然后使用钢笔工具中的【转换锚点工具】改变圆角成直角形式。最后在黑色的倒角矩形中输入文字并编排，其中文字的字体为"黑体"，颜色为白色，如图12-7所示。

图12-6 主题文字修饰后整体效果

图12-7 编著信息设置效果

10. 封面下半部分为艺术字母，虽然有6个字母，但是大家只要学会做其中一个，其他的就能顺理成章地完成了。在此以字母"R"的艺术字为示范。首先，选用工具箱中的【矩形工具】绘制大小为宽15mm×高30mm的矩形，再绘制一个半径为15mm的圆，并将其通过【直线工具】和【路径查找器】将圆分割成1/4圆，选择右下角1/4圆，并删除其余3个。将矩形和1/4圆通过【路径查找器】合成为一个图形，如图12-8所示。

11. 用同上的方式绘制右半部分基本图形，并将两者底边对齐，完成这部分操作后，需要做一个缺左下角1/4圆的图形，可以通过绘制半径为15mm的圆后使用【直线工具】和【路径查找器】分割工具将其删除，如图12-9所示（为了方便学习者看清制作方法，将其中一个图形设置为品红色并设置透明度为40%）。

图12-8 两图形衔接合并效果

12. 接下去就要绘制出品红色区域的艺术效果。使用工具箱中的【矩形工具】，在画板上绘制两个瘦长的矩形，并且分别设置其颜色为品色和黑色（这里的黑色为C0、M100、

Y0、K100的叠加色),将两者放置两端,中间留有一定的距离,然后使用工具箱中的【混合工具】,参数设置为平滑颜色,即可得到类似渐变的图形效果,接着选中整个渐变图形,拖动其置入菜单栏中的【窗口】→【画笔】活动窗口中,并且在弹出的对话框中选择"艺术画笔",然后在相应的画笔对话框中就能看到生成的画笔图形,紧接着绘制一个圆并选中它,点击刚才设置的新画笔,经过适当的调整即可产生圆形渐变的效果(如果笔画过细或者过粗都可以通过描边粗细来进行调节),最后使用缺少右下角的3/4个圆做剪切蒙版,将其绘制完成,如图12-10所示。

图12-9 艺术文字大致构造

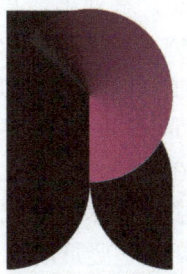
图12-10 艺术文字最终效果

13. 利用同样的方式,能制作出剩余的5个艺术字母,只是将设置的部分颜色改为翠绿色。绘制完成后将其排列,并缩放到合适大小后放入相应位置即可,如图12-11所示。

14. 封面的底部还需要写上相应出版公司的名称,中文文字使用黑体,英文文字使用Arial字体,书封面就完成了,如图12-12所示。

图12-11 6个艺术文字排练后效果

图12-12 书封面效果图

15. 书脊部分的制作设计必须注意几个要点:(1)书名;(2)书籍的编著者;(3)出版公司名称。因此,在此书脊的设计中同样考虑这三个必要元素。首先制作书名,由于书脊是窄幅长条形的,所以文字的排列方式需要使用竖排形式,制作时,在工具箱中使用【直排文字工具】输入"最让大学生享受的"和"100个人生梦想"字样,字体形式上与封面对应统一。制作过程中需要注意的是"100"艺术文字的制作，需要在文字未转曲的前提下使用文字工具，活动窗口中的旋转字体编辑项，将文字旋转90°，然后文字转曲后使用与封面同样的艺术效果即可。书籍的中间部分键入相应的编著信息，下半部分键入出版公司名称，需要注意的是文字要规范排列，例如：对齐、文字大小适中、文字字体选择合适等，如图12－13所示。

16. 最后完成封底的设计。封底的设计中一般包含书籍的内容简介、人物简介、系列书籍展示、书籍特色介绍、相应的策划人、书封美工、ISBN 条形码、建议指导价、上架信息等内容。在封底的制作过程中要注意段落文本的规范，比如说标点符号不要放在行首位置等；其次是中间的艺术字母的设计，将封面的艺术字母由两行改为一行放置在适合的位置上，接着将文字水平镜像复制，由于最后要制作出倒影的效果，因此需要制作一块能覆盖于所有倒影字体的由黑到白的矩形、竖形渐变，并将倒影文字和渐变色块中心对齐。接着，使用【透明度】右上角下拉菜单中的"建立不透明蒙版"功能即可得到相应效果，如图12－14所示。

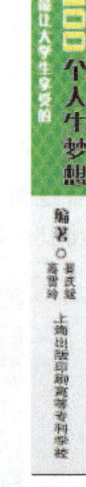

图 12－13　书脊设计最终效果图

图 12－14　倒影文字制作效果

17. 制作 ISBN 13 位条形码（条形码制作可以通过 AI 插件 Barcode 输入数字后自动生成），如图12－15所示；整体的排版上要尽可能地注重美观和规范。

18. 封底整体效果展示，如图12－16所示。

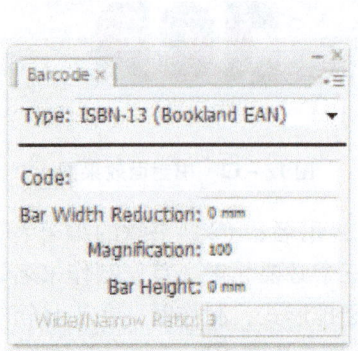 

图 12－15　条形码设置窗口　　　　　　图 12－16　封底最终效果图

19. 对于 16 开书刊的印刷，一般会使用正度全开纸印刷，因此印刷使用的大拼版也应该在此尺寸中操作。首先在 AI 文件中设置版面大小为 787mm×1092mm。然后将制作好的书刊装潢置入到版面中。需要注意的是版面中面与面之间的衔接一般使用共刀的方式进行排版，最后添加相应的印刷参考标记，其中包括颜色标记、套准标记、出血标记、公司名称、产品批次等，如图 12 – 17 所示。

图 12 – 17　拼大版效果图

技 能 训 练

1. 操作条件

图形制作软件 Illustrator CS5 或 CorelDraw X5。

2. 操作内容

（1）按要求设计制作书刊封面，其大小为 540mm×285mm；

（2）在承印物上输出 600mm×700mm 的印刷拼版文件（图 12 – 18）。

3. 操作要求

（1）考虑封面尺寸和书脊尺寸，制作成品尺寸，通过成品尺寸设置出血后的印刷尺寸。

（2）设置书封的准确大小和颜色，按图片大小合理地制作相应的蒙版大小。

（3）技术文案（注意反白文字的字体和颜色设置）与 LOGO 文字按要求制作。

（4）印刷面按相应要求制作，条形码必须规范大小和尺寸（使用 Barcode 插件生成）。

（5）按要求填充图案和制作图形效果并符合印刷基本条件。

（6）对使用的专色部分做补漏白工艺。

（7）按要求制作光盘效果。

（8）存储为"书籍封面. eps"。

（9）样图如图 12 – 19 所示。

图 12-18　书刊封面拼大版文件

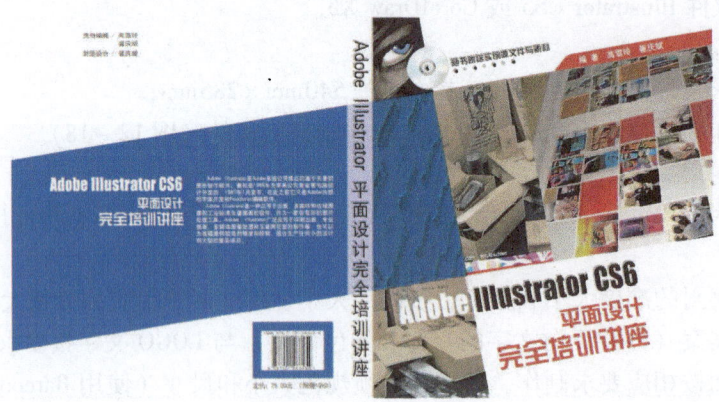

图 12-19　单个文件制作图形

参 考 文 献

[1] 姚海根. 计算机图形学应用. 北京：科学出版社，2002.
[2] 严磊等. 从设计到印刷 Illustrator CS2/CS3 平面设计师必读. 北京：科学出版社，2008.
[3] 管虹. Illustrator CS5 平面设计与制作精粹. 北京：科学出版社，2011.